Hamburgs Bäume

Thomas Schmidt

HAMBURGS BÄUME

Ein naturkundlicher Stadtführer

Mit drei Beiträgen von Robert Wohlleben

JUNIUS

Inhalt

6 Hamburgs Bäume entdecken

8 Botanischer Garten 1

23 Die Kratt-Eiche

24 Der Baum im Jahresverlauf

26 Jenischpark 2

37 Das Eichen-Birken Paar

38 Von Gelb bis Rot – Bunte Herbstblätter

40 Altonaer Volkspark 3

51 Die Klopstock-Linde

52 Wie funktioniert ein Baum?

54 Planten un Blomen 4
65 Die Fontenay-Platane
66 Hamburgs Straßenbäume
68 Eppendorfer Moor 5
78 Die Friedenseiche
79 Redensarten – frisch vom Baum
82 Stadtpark 6
95 Die Luthereiche
96 Woraus besteht ein Baum?
98 Friedhof Ohlsdorf 7
109 Der Nationalerbe-Baum
110 Der Baum als Lebensraum
112 Wohldorfer Wald 8a
119 Die Maiboom'sche Liebesbuche
120 Duvenstedter Brook 8b
128 Die Kopfweide
129 Baumstarke Namen
132 Wandse-Wanderweg 9
142 Die Uralt-Eibe
143 Ich glaub', ich bin im Wald!
146 Steckbrief-Verzeichnis
147 Gut zu wissen
148 Zum Weiterlesen
149 Bildnachweis
150 Impressum

Hamburgs Bäume entdecken

Im Stadtpark steht ein mächtiger Trompetenbaum. Im Sommer ist er voller weißer Glockenblüten, die von eifrigen Bienen besucht werden. Auf dem Ohlsdorfer Friedhof drehen sich im Herbst die Früchte des Spitz-Ahorns beim Herunterfallen und sehen dabei aus wie kleine Propeller. Im Jenischpark wächst eine der dicksten und ältesten Stiel-Eichen Hamburgs. Ihr Stamm ist hohl und wurde von einem Baumchirurgen mit Metallstangen stabilisiert. Im Naturschutzgebiet Wohldorfer Wald sind neben lebenden Bäumen auch viele abgestorbene Exemplare zu entdecken. Sie bilden sogenanntes Totholz, das ein wichtiger Lebensraum für Pflanzen und Tiere ist. Ein Ausflug in Hamburgs Baumwelt lohnt zu jeder Jahreszeit! Wer sich mit offenen Augen auf den Weg begibt, wird bestimmt mit spannenden Beobachtungen beschenkt.

Hamburg gilt als eine der grünsten Metropolen Europas. Das ist auch kein Wunder, gibt es doch in der Hansestadt sage und schreibe 123 Parks und 37 Naturschutzgebiete. Das grüne Image Hamburgs wäre natürlich ohne seine vielen Bäume undenkbar. Allein an den Straßen stehen über 225 000 davon. In den Parks und auf Grünflächen sind es sogar mehr als 600 000. Und die unbekannte Zahl der Bäume, die in Naturschutzgebieten und auf privaten Grundstücken wurzeln, ist sicher nicht weniger beeindruckend. In Hamburg wachsen auch einige besonders bemerkenswerte Bäume. Etwa der prächtige Berg-Ahorn im Hirschpark, der einzige Nationalerbe-Baum der Hansestadt, die uralte Eibe am Neuländer Elbdeich, mit ungefähr 850 Jahren Hamburgs ältester Baum oder die sogenannte Lehmann-Platane, der erste Baum Planten un Blomens, im Jahre 1821 von dem Gymnasial-Professor Johann Georg Christian Lehmann gepflanzt.

Neben einheimischen Bäumen wie Rot-Buche, Spitz-Ahorn und Stiel-Eiche beherbergt die Elbmetropole in ihren Parks und Gärten auch Bäume aus fernen Ländern wie den aus Nordamerika stammenden Amberbaum, den Taschentuchbaum aus Westchina oder den Judasbaum, der unter anderem in den Mittelmeerländern wächst. Die Exoten sind eine Bereicherung für Hamburgs Baumwelt. So besticht der Amberbaum mit leuchtender Herbstfärbung, der Taschentuchbaum macht mit auffallenden Blüten auf sich aufmerksam, und der Judasbaum zeigt eine botanische Besonderheit: Seine rosafarbenen Blüten sitzen nicht nur an den Zweigen, sondern sprießen in kleinen Büscheln direkt aus den Stämmen. Hamburgs Bäume machen das Stadtbild nicht nur freundlicher und fördern das Wohlbefinden seiner Bewohner, sie sorgen auch für eine bessere Luftqualität. So produzieren die Bäume lebenswichtigen Sauerstoff und nehmen dabei gleichzeitig Kohlendioxid auf. Und das ist ja mitverantwortlich für die Klimaerwärmung. Gerade im Sommer, wenn der Treibhauseffekt für immer häufigere und längere Hitze- und Trockenperioden sorgt, sind die vielen Bäume als natürliche Klimaanlagen unverzichtbar. Sie kühlen und befeuchten die Luft, indem sie über ihr Blattwerk Wasser verdunsten. Außerdem spenden die Bäume wohltuenden Schatten, filtern Schadstoffe aus der Luft und mindern zudem den Verkehrslärm.

Bäume sind in einer Großstadt wie Hamburg natürlich besonderen Belastungen ausgesetzt. Vor allem, wenn sie an den Straßen wachsen. Da machen ihnen giftige Autoabgase und winterliches Streusalz zu schaffen. Auch können sie ihre Wurzeln oft nicht voll entfalten. Diese und andere Stressfaktoren reduzieren die Vitalität der Straßenbäume und sorgen dafür, dass sie meist nicht so alt werden wie die Bäume in den Parks oder in Naturschutzgebieten. Die extremen Standortbedingungen lassen die Bäume am Straßenrand auch besonders anfällig für Schädlingsbefall werden. Da sie auf öffentlichem Grund stehen, werden sie deshalb zum Schutz der Fußgänger und Autofahrer regelmäßig kontrolliert. Ist ein Straßenbaum von holzschädigenden Pilzen zerfressen und deshalb nicht mehr standsicher, muss er gefällt werden. Das war in den letzten Jahren bei vielen Rosskastanien der Fall. Jeder gefällte Baum hinterlässt aber eine große Lücke, die in Hamburg leider nicht immer durch einen neuen Baum geschlossen wird. Kommt es doch zur Pflanzung eines Ersatzbaums, braucht dieser Jahrzehnte, bis er wie sein Vorgänger helfen kann, die Luft an den Straßen zu verbessern.

Aber nicht nur die Belastung durch den Autoverkehr macht Hamburgs Bäumen zu schaffen, sie leiden zunehmend auch unter dem Klimawandel. Nicht alle Baumarten sind dem wachsenden Stress durch Hitze, Trockenheit, Starkregen und Sturm gewachsen. Welche es in Zukunft sein werden, untersucht Hamburg in dem Langzeitprojekt „Stadtbäume im Klimawandel". Gute Chancen, mit dem veränderten Klima zurechtzukommen, dürften die Zerr-Eiche und die Amerikanische Linde haben. Auch der Amberbaum wäre wohl geeignet. Er braucht allerdings viel Wasser. Doch da könnten ja Hamburgs Baumfreunde ein bisschen nachhelfen, indem sie ihn regelmäßig wässern.

Dieser unterhaltsam geschriebene Führer will einen kleinen Einblick in Hamburgs Baumwelt vermitteln. Auf neun Touren durch Parks und Naturschutzgebiete zeigt er eine Auswahl bekannter und weniger bekannter Bäume. Einige Sträucher sind auch dabei. Ergänzt werden die Touren durch illustrierte Steckbriefe, die die Bäume näher beschreiben. Außerdem werden zehn besonders interessante Bäume in kurzen Porträts näher vorgestellt. Daneben beschäftigen sich Exkurse mit verschiedenen Themen, die sich um Bäume drehen, wie „Hamburgs Straßenbäume", „Bäume als Lebensraum" oder „Bäume in Redensarten". Orientierungskarten und Hinweise zur Erreichbarkeit der Orte mit öffentlichen Verkehrsmitteln runden diesen kleinen Baumführer ab.

Botanischer Garten 1

In Planten un Blomen steht in der Nähe des Dammtor-Bahnhofs eine uralte Platane, die sogenannte „Lehmann-Platane". Im Jahr 1821 pflanzte der Gymnasial-Professor Johann Georg Christian Lehmann diesen Baum und begründete damit den Alten Botanischen Garten. 1970 beschloss die Hamburger Bürgerschaft, den mittlerweile zu eng gewordenen Alten Botanischen Garten in den Hamburger Westen zu verlegen.

ANFAHRT

Der Botanische Garten liegt im Westen Hamburgs.
S-Bahn (S1, S11) bis Klein Flottbek (Botanischer Garten).
Buslinien 15, 21 bis Klein Flottbek.
Eingang Ohnhorststraße (gegenüber dem S-Bahnhof).
Parkplatz rechts vom Eingang.

INFO

Der Botanische Garten der Universität Hamburg (seit 2012 heißt er „Loki-Schmidt-Garten") ist täglich ab 9 Uhr geöffnet: Januar und Februar bis 16 Uhr, 1. bis 25. März bis 17 Uhr, 26. März bis 30. April bis 19 Uhr, Mai bis August bis 20 Uhr, September bis 19 Uhr, 1. bis 29. Oktober bis 18 Uhr, 30. Oktober bis 30. Dezember bis 16 Uhr (außer am 24. und 31. Dezember sowie bei Glätte).
Der Eintritt ist frei.

SONSTIGES

Die Gesellschaft der Freunde des Botanischen Gartens Hamburg e.V. bietet ein sehr abwechslungsreiches Veranstaltungsprogramm an, darunter auch pflanzenkundliche Führungen mit unterschiedlichen Schwerpunkten. Info: www.bghamburg.de, Telefon 040/42816476
Hunde sind im Botanischen Garten nicht zugelassen.

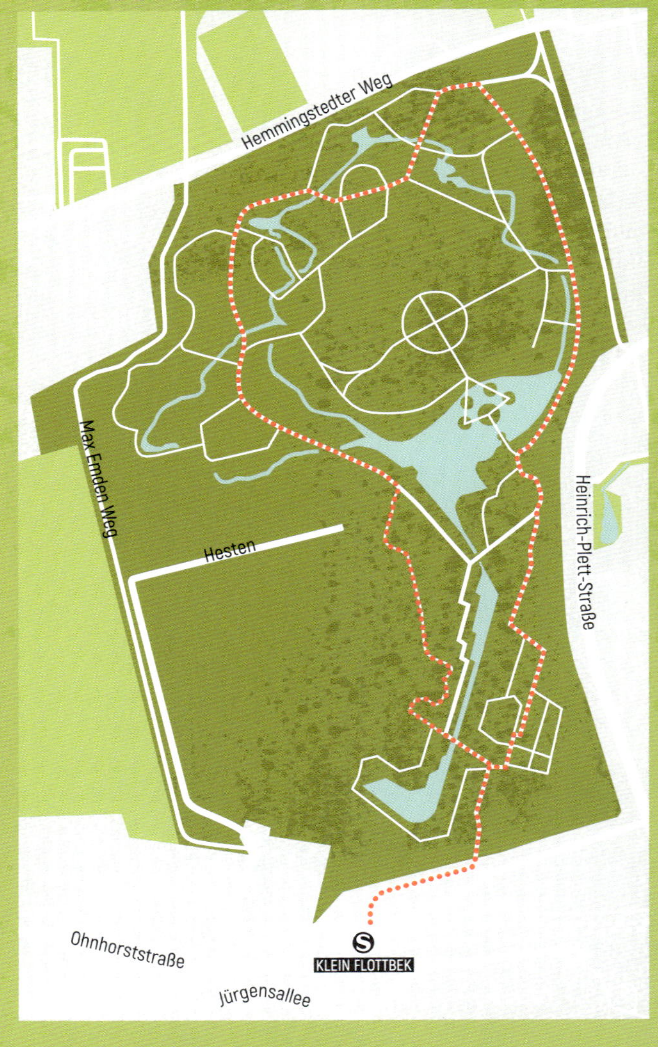

Im Jahr 1979 wurde dann in Klein Flottbek ein neuer Botanischer Garten eröffnet. Er bietet nicht nur mehr Platz für die Pflanzen, sondern auch eine bessere Luftqualität. Der Botanische Garten dient zum einen der Forschung und Lehre, zum anderen will er auch die Öffentlichkeit mit einem breit gefächerten Veranstaltungsprogramm an die hier aus aller Welt versammelten Pflanzen heranführen. Nicht zuletzt ist der Botanische Garten in Klein Flottbek ein Ort der Muße und Erholung. Hier kann man seine Seele baumeln lassen und sich an der Vielfalt und Schönheit der Pflanzen erfreuen.

Mammutbaum und Kork-Eiche

Im Botanischen Garten lassen sich interessante Baumarten aus aller Welt bestaunen. Und jede hat ihre Besonderheit. Da ist beispielsweise die Kork-Eiche aus dem Mittelmeerraum mit ihrer dicken Korkrinde, die Gleditschie aus Nordamerika mit ihren langen Dornen am Stamm oder der chinesische Tee-Apfelbaum, der im Herbst gern von Drosseln besucht wird, die seine Früchte fressen. Wir werden auf dem baumkundlichen Rundgang durch den Botanischen Garten verschiedene Themengärten besuchen. Dort sind Bäume zu sehen, die für uns Menschen eine besondere Bedeutung haben. Gleich zu Beginn schauen wir uns in der Abteilung für Nutzpflanzen verschiedene Obstbäume wie Apfel, Zwetschge und Quitte an. Im Giftgarten lernen wir die toxische Wirkung chemischer Substanzen der Eibe, des Pfaffenhütchens und anderer Bäume und Sträucher näher kennen. Neben den verschiedenen Themengärten besuchen wir auch noch die pflanzengeografische Abteilung des Botanischen Gartens. Statt langer und beschwerlicher Reisen können wir dort die unterschiedlichen Regionen der Welt in kurzer Zeit durchwandern. Wir entdecken Chilenische Schmucktannen, bleiben nach einigen Schritten erstaunt vor den riesigen Mammutbäumen Nordamerikas stehen, um schon wenig später durch den China-Garten zu spazieren und dort dem Lebkuchenbaum und dem Zimt-Ahorn zu begegnen. Von da aus ist es dann nur noch ein Katzensprung zum einheimischen Wald mit seinen schattenspendenden Buchen, Eichen und anderen Laub- und Nadelbäumen.

BÄUME UND STRÄUCHER AUF DER STRECKE

- Ginkgo
- **Riesen-Mammutbaum**
- Speierling
- Feld-Ahorn
- Vogelbeere
- Vogel-Kirsche
- Goldregen
- Buchsbaum
- Pfaffenhütchen
- Sadebaum
- Feigenbaum
- **Sanddorn**
- Sumpfzypresse
- Küsten-Mammutbaum
- Südbuche
- **Araucarie**
- Tupelobaum
- Rot-Ahorn
- **Schwarznuss**
- Katsurabaum
- Blauschote
- **Zimt-Ahorn**
- Tee-Apfelbaum
- Himalaya-Birke
- **Trauben-Eiche**
- Grau-Erle
- Flatterulme
- Gleditschie
- **Weiß-Tanne**
- Winterschneeball
- Korkenzieher-Hasel
- Dreiblättrige Bitterorange
- **Kork-Eiche**
- Judasbaum
- Christusdorn
- Silber-Ahorn
- Taschentuchbaum

RIESEN-MAMMUTBAUM
Sequoiadendron giganteum

Familie Sumpfzypressengewächse

Höhe bis zu 95 m

Rinde rotbraune, schwammige Borke; tief längsrissig und bei älteren Bäumen außergewöhnlich dick

Blatt kurze, spiralig angeordnete Nadeln

Blüte männliche und weibliche Blütenzapfen auf einem Baum

Blütezeit März bis April

Frucht eiförmiger Zapfen

Vorkommen Parks, große Gärten

Wissenswertes In Hamburg wachsen Riesen-Mammutbäume auch im Stadtpark, im Jenischpark und im Botanischen Sondergarten in Wandsbek. Der höchste Mammutbaum der Welt ist ein Küsten-Mammutbaum. Dieses mit dem Riesen-Mammutbaum nah verwandte Nadelgehölz wächst im Redwood Nationalpark in Kalifornien und erreicht eine Höhe von 115,5 Metern.

Die dicke Borke schützt den Riesen-Mammutbaum vor Feuer.

Mächtiger Nadelbaum

Es ist ein herrlicher Herbsttag. Vom Bahnhof Klein Flottbek geht es an einer Reihe junger Ginkgobäume entlang zum Botanischen Garten. Wir bemerken einen unangenehmen Geruch nach Erbrochenem. Er rührt von den kugelförmigen Früchten zweier weiblicher *Ginkgos* her. Viele liegen zertreten auf dem Weg und faulen langsam vor sich hin. Bevor wir nun in die Pflanzenwelt des Botanischen Gartens eintauchen, empfängt uns vor dem Eingang noch eine große Bronzeplastik. Sie stammt von dem Worpsweder Künstler Waldemar Otto (1929–2020) und trägt den Titel „Adam plündert das Paradies“. Wir schauen uns den hässlichen, dickbäuchigen Adam an, der gierig in den Apfel beißt. Er musste das Paradies verlassen. Seitdem geht die Zerstörung der Natur durch die Gier des Menschen unvermindert weiter. Man denke nur an die Abholzung der Regenwälder oder an das Baumsterben bei uns. Jetzt starten wir den im Gegenuhrzeigersinn verlaufenden Baum-Rundgang. Weit müssen wir allerdings nicht laufen, schon ziehen uns die eindrucksvollen Gestalten des ▸ **RIESEN-MAMMUTBAUMS** in ihren Bann. Dieses Nadelgehölz ist an der Pazifikküste Nordamerikas zu Hause. Dort wächst es an den Westhängen der Sierra Nevada. Der Riesen-Mammutbaum zeichnet sich durch seine Größe und einen mächtigen Stamm aus. Manche dieser Giganten erreichen in ihrer Heimat Wuchshöhen von über neunzig Metern und Stammdicken von acht Metern und mehr. Einzelne Riesen-Mammutbäume können das biblische Alter von weit über 3000 Jahren vorweisen. Während ihres langen Lebens sind Mammutbäume in ihrem Lebensraum immer wieder Waldbränden ausgesetzt. Und da bietet die besonders dicke und schwammige Borke Schutz vor den Flammen. Riesen-Mammutbäume sind also gut an die Einwirkung von Feuer angepasst. Deshalb zählen sie zu den sogenannten „Pyrophyten", zu denen auch die Kork-Eiche und manche Flechten gehören. Leider sind in Kalifornien seit dem Jahr 2015 trotzdem viele Riesen-Mammutbäume Waldbränden zum Opfer gefallen. Die Feuer waren wegen lang anhaltender Dürre so intensiv, dass die Bäume trotz ihres Schutzmechanismus keine Chance hatten.

Nutz- und Giftpflanzen

In der Abteilung für Nutzpflanzen, die wir jetzt betreten, entdecken wir einen *Speierling*. Dieser licht- und wärmeliebende Wildobstbaum ist sehr selten und kommt vor allem in Südwestdeutschland vor. Im Herbst trägt er kleine essbare Apfelfrüchte. Viel größer sind unsere Kulturäpfel wie etwa die alte Apfelsorte „Finkenwerder Herbstprinz" aus dem alten Land oder die Sorte „Golden Delicious". Weiter geht's entlang einer Hecke aus *Feld-Ahorn* in Richtung Giftgarten. Hinter der Hecke befindet sich ein Holz-

Wildobstbaum Speierling (links) und Kulturapfel "Finkenwerder Herbstprinz"

pavillon mit begrüntem Dach. In dieser „Grünen Schule“ vermittelt ein Gartenpädagoge Kindern Wissenswertes über unsere Pflanzenwelt. Auf Beeten vor dem Pavillon wachsen Bäume, deren Früchte besonders für Vögel interessant sind wie *Vogelbeere* und *Vogel-Kirsche*. Am Giftgarten angekommen, erfahren wir auf einer Informationstafel Interessantes über die Bedeutung der Gifte für die Pflanzen. So sorgen die verschiedenen Substanzen wie Alkaloide oder Glykoside dafür, dass die Gewächse vor Fressfeinden geschützt sind. Neben krautigen Pflanzen wie Schwarze Tollkirsche oder Wolfsmilch entdecken wir auch giftige Sträucher und Bäume wie *Goldregen*, *Buchsbaum* oder das *Pfaffenhütchen*. Das sieht jetzt im Herbst mit seinen rot verfärbten Blättern und den vielen rosafarbenen Kapselfrüchten besonders schön aus. Die Früchte sind zwar für uns Menschen sehr giftig, nicht aber für Vögel wie das Rotkehlchen. Ornithologen nennen sie deshalb auch „Rotkehlchenbrot“.

Zitrone des Nordens

Vorbei an *Sadebaum*, Fingerhut und weiteren Giftpflanzen kommen wir nun in den Wüstengarten. Er ist ein Geschenk der Vereinigten Arabischen Emirate. Ein Schwerpunkt im östlichen Teil des Gartens sind Kakteen, Agaven und andere Pflanzen nordamerikanischer Wüsten. Der Westteil zeigt Pflanzen, die in Oasen arabischer Wüsten wach-

Roter Fingerhut (links) und Sadebaum

Sanddornfrüchte sind „Vitaminbomben"

SANDDORN
Hippophae rhamnoides

Familie Ölweidengewächse

Höhe bis zu 6 m

Rinde anfangs glatt, später längsrissig

Blatt silbergrau, lanzettförmig

Blüte unscheinbar, männliche und weibliche Blüten auf verschiedenen Pflanzen.

Blütezeit März bis Mai

Frucht orangerote Beere

Vorkommen An einigen Stellen am Elbufer. Als Hecke und Zierpflanze in manchen Gärten und Parks.

Wissenswertes Ein Rezept für Sanddorngelee: 200 g Früchte, 300 ml Wasser, 1 Pfund Gelierzucker. Früchte bis zum Platzen der Fruchthaut kochen. Nach dem Erkalten Gelierzucker einrühren, abermals erhitzen und drei Minuten sprudelnd kochen. Dann durch ein Sieb in gereinigte Gläser abfüllen.

sen wie etwa der *Feigenbaum* oder die Algerische Minze. Nun gehen wir einige Schritte vorbei am neu gestalteten Rosengarten und sehen rechts einen hohen, dornigen Strauch, einen ▸ **SANDDORN**. Gerade hat sich eine Amsel eine seiner orangeroten, sauren Beeren geschnappt und fliegt davon. Mancher kennt den Sanddorn sicher vom Urlaub an den Stränden der Nord- und Ostseeküste. Da dieser lichtliebende Strauch ein weitreichendes Wurzelwerk besitzt, dient er dort auch der Befestigung der Dünen. Wind und salzhaltige Luft machen dem Sanddorn übrigens nur wenig aus. Wegen Aussehen und Geschmack der Früchte und seinem Vorkommen besonders an den Küsten wird der Sanddorn auch gern mal „Zitrone des Nordens" genannt. Roh schmecken die Früchte wohl vor allem den Vögeln. Aber als Saft, Kompott oder Marmelade zubereitet sind sie auch für uns ein Genuss. Wegen ihres hohen Gehalts an Vitamin C sind Sanddornfrüchte außerdem sehr gesund.

Ein lebendes Fossil

Weiter geht's zur pflanzengeografischen Abteilung. Vorher besuchen wir aber noch kurz den Gesteinsgarten, wo uns ein durch Einbau von Kieselsäure versteinertes Stammstück einer *Sumpfzypresse* beeindruckt. Es ist viele Millionen Jahre alt. Uns fasziniert auch die riesige

ARAUCARIE
Araucaria araucana

Familie Araucariengewächse

Höhe bis zu 35 m

Rinde dick, mit dunkelgrauer Borke

Blatt Die spiralig angeordneten dreieckigen Blätter sind an ihren Enden zugespitzt.

Blüte Es gibt Bäume mit kugeligen weiblichen und Bäume mit walzenförmigen männlichen Blütenzapfen

Blütezeit Juni bis Juli

Frucht Zapfen mit Samenkernen

Vorkommen Parks, Friedhöfe, große Gärten

Wissenswertes In Hamburg wachsen einzelne Araucarien beispielsweise im Jenischpark, in Planten un Blomen und auf dem Ohlsdorfer Friedhof. Im Araucarien-Wäldchen des Botanischen Gartens werden aus den weiblichen Zapfen regelmäßig Samen entnommen, aus denen sich dann später neue Bäumchen entwickeln können.

Zweige und weiblicher Blütenzapfen einer Araucarie

Stammscheibe eines *Küsten-Mammutbaums*, die wir jetzt auf der linken Seite entdecken. Gut sind die Jahresringe zu erkennen. Ihre Zahl gibt das Alter dieses Baums an. Würden wir sie durchzählen, kämen wir auf 1250 Jahre. Jetzt sind wir in „Südamerika“ angekommen und blicken zuerst erstaunt auf einen „Wald“ riesiger Blätter. Sie haben einen Durchmesser von über zwei Metern und sitzen an so langen Stielen, dass wir uns problemlos darunter stellen können. Das „Mammutblatt“, so der Name dieser Staude, ist in seiner ursprünglichen Heimat Brasilien auch unter dem Namen „Sombrilla de los pobres“, also „Sonnenschirm der Armen“ bekannt. Vorbei an einigen *Südbuchen*, Verwandte unserer Rot-Buchen, sehen wir jetzt auf der rechten Seite ein kleines Wäldchen aus mehreren Exemplaren der ▸ **ARAUCARIE**, auch „Chile-Schmucktanne“ oder „Andentanne“ genannt. Im englischen Sprachraum wird sie manchmal augenzwinkernd als „Monkey Puzzle Tree“ bezeichnet, weil man meinte, dass selbst Klettermaxe wie Affen keine Chance haben, dieses Nadelgehölz mit seinen dolchartigen Blättern zu erklimmen. Allerdings hat der „Erfinder“ dieses Namens nicht bedacht, dass im natürlichen Lebensraum der Araucarie, den Anden Chiles und Argentiniens, gar keine Affen zu Hause sind. Die urtümlich anmutende Araucarie entstammt einer sehr alten Baum-Familie. Sie zählt deshalb wie Ginkgo, Sumpfzypresse und Mammutbaum zu den lebenden Fossilien. Da das Holz der Chile-Schmucktanne aufgrund seiner Qualität immer wieder stark nachgefragt wurde, ist dieser Nadelbaum mittlerweile vom Aussterben bedroht und wird deshalb in der Roten Liste als „stark gefährdet" eingestuft.

„Indian Summer" im Botanischen Garten

Nun spazieren wir nach „Nordamerika". Nach einigen Schritten blicken wir in ein kleines verwunschenes Bachtal mit *Sumpfzypressen*-Wäldchen. Es ist dem angestammten Lebensraum dieser Nadelhölzer nachempfunden. In ihrer Heimat, dem Südosten Nordamerikas, wachsen die feuchtigkeitsliebenden Bäume nämlich gern entlang von Flussläufen. Jetzt im Herbst sehen unsere Sumpfzypressen mit ihren kupferrot verfärbten Nadeln besonders attraktiv aus. Später fallen die Nadeln mitsamt den Kurztrieben ab. Vorbei an der „Prärie", wo noch einige Astern und Goldruten blühen, gelangen wir wieder in einen Wald. Diesmal wächst er auf hügeligem Untergrund und besteht aus Riesen-Mammutbäumen, von denen uns ja einige bereits am Eingang begegnet sind. Schauen wir nach rechts, stehen dort weitere eindrucksvolle Bäume. Etwa ein *Tupelobaum* oder ein *Rot-Ahorn*. Ihr buntes Laub vermittelt eine Ahnung der spektakulären Herbstfärbung nordamerikanischer Laubwälder, bekannt als „Indian Summer". Jetzt

Tupelobaum und Riesen-Mammutbäume

stolpern wir beinahe über einige kugelige, grüne Früchte, die auf dem Weg liegen. Sie stammen von einem weiteren nordamerikanischen Baum, der ▸ **SCHWARZNUSS**. Ihren Namen verdankt sie wohl der tiefgefurchten, fast schwarzen Borke. Die Schwarznuss ist eine nahe Verwandte der Walnuss, von der ein Exemplar nicht weit von hier im Bauerngarten wächst. Die Frucht der Schwarznuss ist zwar essbar, aber wegen ihrer sehr harten Schale nicht leicht zu knacken. Eichhörnchen haben allerdings kein Problem damit, wie wir gerade beobachten können. In ihrer Heimat wird die Schwarznuss als wichtiger Lieferant von Holz geschätzt. Es hat eine schöne Maserung und ist leicht zu verarbeiten. Verwendung findet das Holz beispielsweise in der Möbelherstellung, aber auch zum Schnitzen und Drechseln. Nach Europa gelangte die Schwarznuss schon zu Beginn des siebzehnten Jahrhunderts. Dort wird dieser stattliche Baum seither vor allem als Ziergehölz in Parks und großen Gärten gepflanzt.

SCHWARZNUSS
Juglans nigra

Familie Walnussgewächse

Höhe bis zu 40 m

Rinde graubraune bis schwarze tiefgefurchte Rippenborke

Blatt Fiederblatt

Blüte hängende Kätzchen (männlich) und aufrechte Ähren (weiblich) auf einem Baum.

Blütezeit Mai bis Juni

Frucht Nuss

Vorkommen Parks, große Gärten.

Wissenswertes Das Laub der Schwarznuss ist im Herbst schön gelb verfärbt. Ende des neunzehnten Jahrhunderts begannen Forstleute, diesen licht- und wärmeliebenden Baum auch in den Auwäldern von Rhein und Donau zu pflanzen.

Außergewöhnliche Rinde

Wir gehen unseren Weg noch einige Schritte geradeaus weiter. Dann geht's nach links, vorbei an einem kleinen Teich mit Holzhütte daneben, und schließlich wieder nach links. Jetzt sind wir in „Asien" angelangt, wo wir Bäume und Sträucher aus Japan und China bewundern

Borke und Frucht der Schwarznuss

Zimt-Ahorn: Ein attraktiver Zierbaum

können wie etwa den *Katsurabaum* auf der rechten Seite. Er wächst in beiden Ländern und wird auch Kuchenbaum genannt, weil sein buntes Herbstlaub nach dem Fall der Blätter ein wenig nach Lebkuchen duftet. Doch statt Lebkuchenduft dringt jetzt ein unangenehmer Geruch in unsere Nase. Er kommt von den faulenden Früchten eines chinesischen *Ginkgos* hinter uns. Schnell gehen wir weiter und entdecken nach ein paar Schritten einige blaue, längliche Früchte am Boden. Sie sehen aus wie kleine Gurken und liegen unter einem Strauch mit Namen *Blauschote*, auch „Blaugurke" genannt. Er ist unter anderem in den Bergwäldern Westchinas zu Hause. Zwei der abgefallenen Früchte sind aufgeplatzt, und wir sehen die dunklen, im glibberigen Fruchtfleisch eingebetteten Samen. In der Heimat der Blauschote werden die weichen Früchte auch gesammelt und ihr gelatinöser Inhalt verzehrt. Nicht weit von der Blauschote entfernt, erweckt ein kleiner Baum unsere Aufmerksamkeit. Es ist ein ▸ **ZIMT-AHORN**. Diese zur Pflanzenfamilie der Seifenbaumgewächse gehörige Art stammt ursprünglich aus den Bergwäldern Zentralchinas. Außergewöhnlich sieht ihre rotbraune Rinde aus. Sie hat sich vom Stamm und einigen Ästen in papierdünnen Fetzen abgelöst und teilweise aufgerollt. Manche Röllchen ähneln Zimtstangen. Vielleicht kommt daher der Name dieses Baums. Der Zimt-Ahorn ist zwar mit unseren einheimischen Ahornen verwandt, hat aber

ZIMT-AHORN
Acer griseum

Familie Seifenbaumgewächse

Höhe bis zu 10 m

Rinde rotbraun, sich in papierdünnen Streifen ablösend

Blatt Es besteht aus drei schwach gelappten Einzelblättchen.

Blüte Gelblichgrün, es gibt weibliche- und männliche Pflanzen. Manche Blüten sind auch zwittrig

Blütezeit April bis Mai

Frucht Die dicken Flügel der Früchte sind fast rechtwinklig angeordnet.

Vorkommen selten, in Gärten und Parks

Wissenswertes In Gärten und Parks macht sich der Zimt-Ahorn besonders gut. Er wächst sehr langsam und kommt sowohl als kleiner Baum wie auch als mehrstämmiger Strauch vor. Der Zimt-Ahorn liebt einen sonnigen Standort, hat aber auch mit Halbschatten kein Problem. Dann verfärben sich seine Blätter allerdings nicht so intensiv.

Himalaya-Birke und Eichelhäher

ganz anders aussehende Blätter. Jedes Blatt besteht aus drei schwach gelappten Teilblättchen. Die zeigen sich uns jetzt gerade in leuchtend karminroten Herbstfarben. Die auffallende Rinde und die eindrucksvolle Herbstfärbung machen den Zimt-Ahorn zu einem attraktiven Zierbaum. Aber auch ohne Blätter bleibt er ein Blickfang im Garten oder im Park.

Lebensraum für Vögel

Als wir bei der großen Wiese nach rechts wollen, fällt uns ein aufgeregtes „Schackern" auf. Es kommt aus dem Geäst eines *Tee-Apfelbaums*. Wir schauen nach oben und entdecken einige Wacholderdrosseln, die eifrig von den kleinen, roten Apfelfrüchten naschen. In China, der Heimat des Tee-Apfelbaums, wissen auch die Menschen seine Früchte zu schätzen. Rechts des Wegs haben wir noch kurz den schön gestalteten Chinesischen Pavillon im Blick. Er ist ein Geschenk der Partnerstadt Shanghai. Nach einigen Schritten bleiben wir wieder stehen und staunen über eine *Himalaya-Birke*. Mit ihrer blendend weißen Rinde ist sie ein wahrer Hingucker. Dazu kommen jetzt noch ihre goldgelben Herbstblätter. Nun geht es weiter geradeaus in Richtung „Europa". Am einheimischen Laubwald angelangt, hören wir wieder Vogelstimmen. Diesmal kommen sie von Zaunkönig, Rotkehlchen und Buchfink. Für die Gefiederten sind Buche, Eiche und Co. ein wichtiger Teil ihres Lebensraums. Hier finden sie ihre Nahrung und bauen ihre Nester. Auch in einer alten Eiche, die auf einer kleinen, dem Wald gegenüberliegenden Wiese steht, macht sich ein Vogel bemerkbar. Diesmal ist es ein Eichelhäher. Er sucht in einer ▸ **TRAUBEN-EICHE** nach Nahrung. Obwohl dieser Baum der nahe verwandten Stiel-Eiche sehr ähnlich sieht, gibt es doch kleine Unterschiede. So sitzen die Eicheln, auf die es unser Rabenvogel abgesehen hat, hier nicht an langen Stielen wie bei der Stiel-Eiche, sondern sind fast stiellos mit dem Zweig verbunden. Bei den Blättern ist es gerade umgekehrt. Die Stiel-Eiche hat kurze Blattstiele, die Trauben-Eiche lange. Auch im Aussehen der Blätter unterscheiden sich beide Arten. Bei der Trauben-Eiche sind sie am Rand in der Regel gleichmäßiger eingebuchtet als bei der Stiel-Eiche. Außerdem besitzt die Trauben-Eiche im Gegensatz zur Stiel-Eiche keine kleinen „Öhrchen" an der Blattbasis. Wie uns der Eichelhäher gerade zeigt, ist die Trauben-Eiche ein wichtiger Bestandteil seines Lebensraums. Das gilt natürlich genauso für die Stiel-Eiche. Und nicht nur Vögel nutzen diese Bäume. Viele Schmetterlings- und Käferarten, Säugetiere wie Eichhörnchen und Siebenschläfer, aber auch Flechten und Moose profitieren von den Eichen.

Grau-Erle, Flatterulme und Gleditschie

Auf der Wiese, nicht weit von der Trauben-Eiche entfernt, entdecken wir noch weitere interessante Bäume wie eine *Grau-Erle*, eine *Flatterulme* und zwei *Gleditschien*. Die Grau-Erle ist in Hamburg nicht so häufig wie die Schwarz-Erle. Beide Arten lassen sich gut unterscheiden. So besitzt die Grau-Erle eine graue und glatte Borke, während sie bei der Schwarz-Erle schwarz und schuppig ist. Auch die Blätter zeigen Unterschiede. Bei der Grau-Erle ist das Blatt am Ende zugespitzt, bei der Schwarz-Erle ist es rundlich oder oval. Jetzt schauen wir uns die Flatterulme an. Sie ist vom Ulmensterben weniger stark betroffen als die anderen Ulmenarten. Ihre Früchte sind kleine Nüsschen, jeweils von einem häutigen Flügel umgeben. Im Unterschied zur Berg- und Feldulme tragen diese Flügel an ihren Rändern kleine Wimpern. Fängt es nun an zu wehen, beginnen die Früchte im Wind zu flattern. Daher hat unser Baum sei-

Fast stiellose Eicheln einer Trauben-Eiche

TRAUBEN-EICHE
Quercus petraea

Familie Buchengewächse

Höhe bis zu 30 m

Rinde graubraune Rippenborke

Blatt mit langem Stiel, an beiden Seiten vier bis sechs gleichmäßige Lappen; keine Öhrchen an der Blattbasis.

Blüte männliche und weibliche Blütenstände auf einem Baum.

Blütezeit April bis Mai

Frucht Eicheln fast stiellos mit Zweig verbunden

Vorkommen Wälder, Parks, Friedhöfe, große Gärten

Wissenswertes Da die Trauben-Eiche eher trockene Böden bevorzugt und gern auf Hügeln wächst, ist sie in Hamburg vor allem in Gebieten südlich der Elbe wie den Harburger Bergen und der Fischbeker Heide zu finden. Der langschäftige Stamm der Trauben-Eiche liefert ein gutes Furnierholz.

nen Namen. Bei der in Amerika beheimateten Gleditschie fallen uns sofort die länglichen, ledrigen Hülsenfrüchte auf. Daher heißt sie auch „Lederhülsenbaum“. Die Früchte bleiben oft den ganzen Winter über an den Zweigen hängen. Auffallend an der Gleditschie sind auch die Büschel langer spitzer Dornen am Stamm und an den Zweigen.

Aufrecht stehende Zapfen

Wir wollen unseren Weg jetzt fortsetzen, doch zuvor sehen wir auf der rechten Seite noch einige Nadelbäume, darunter auch eine ▸ **WEISS-TANNE**. Den Namen verdankt sie ihrer hellgrauen Borke, die erst glatt ist und später schuppig wird. Die Nadeln der Weiß-Tanne duften, wenn man sie in den Händen zerreibt. Da sie sehr weich sind und nicht piksen wie die der Gemeinen Fichte, stehen die benadelten Triebe bei Reh & Co. ganz oben auf dem Speisezettel. Besonders junge Bäume haben dann stark unter dem „Verbiss“ zu leiden. Im Gegensatz zur Gemeinen Fichte stehen die Zapfen der Weiß-Tanne aufrecht. Und statt als Ganzes zu Boden zu fallen, segeln nur ihre Samen herunter. Von den Zapfen bleiben dann nur noch die Spindeln übrig, die auf den Zweigen stehen bleiben. Die Weiß-Tanne war in den 1980er Jahren besonders stark vom „Waldsterben“ betroffen, denn sie reagiert sehr empfindlich auf Luftschadstoffe. Sehr zu schaffen macht die-

WEISS-TANNE
Abies alba

Familie Kieferngewächse

Höhe bis zu 50 m

Rinde erst weißgrau mit Harzbeulen, dann silbergraue Schuppenborke

Blatt Nadel flach und biegsam

Blüte weibliche und männliche Zapfen auf einem Baum.

Blütezeit April bis Juni

Frucht aufrechter Zapfen

Vorkommen Vereinzelt in den Harburger Bergen, kultiviert in manchen Parks und Gärten.

Wissenswertes Die in Süd- und Mitteldeutschland heimische Weiß-Tanne ist in Hamburg nur selten zu finden. Der Tannenbaum zu Weihnachten ist meist eine Nordmann-Tanne, die zu diesem Zweck extra in großen Plantagen angepflanzt wird. Auch die vorweihnachtliche „Alstertanne“ ist eine Nordmann-Tanne.

Junge Weiß-Tanne

Winterschneeball und Dreiblättrige Bitterorange

sem Nadelbaum das giftige Schwefeldioxid aus den Autoabgasen und Fabrikschloten. Glücklicherweise konnte der Ausstoß dieses giftigen Gases verringert werden.

Florale Düfte

Beim Weitergehen sehen wir am Ufer des großen, zentralen Teichs einen Graureiher, der nach einem Fisch Ausschau hält. Auf dem Wasser schwimmen Stockenten und zwei Höckerschwäne. Plötzlich bemerken wir einen sehr angenehmen Duft. Er kommt von den vielen zartrosa Blüten eines *Winterschneeballs*, der rechts am Weg wächst. Einige Schritte weiter fallen uns noch zwei andere Sträucher auf. Ein *Korkenzieher-Hasel*, die Zierform des Haselstrauchs, macht seinem Namen alle Ehre. Seine stark verdrehten Zweige sehen nämlich Korkenziehern ähnlich. Und wieder duftet es. Diesmal riecht es nach Zitronen. Es sind die runden gelben Früchte, die an den dornigen Zweigen einer *Dreiblättrigen Bitterorange* hängen. Mit seinen vielen Früchten und den dreiteiligen, herbstlich orange verfärbten Laubblättern sieht dieser ursprünglich aus China stammende Strauch jetzt besonders attraktiv aus. Nun geht's ein Stückchen leicht bergan zum Café, wo wir eine kleine Pause einlegen. Dann gehen wir am Kakteen-Gewächshaus vorbei zu einem kleinen Baum mit auffallender Borke, einer ▸ **KORK-EICHE**. Da sie im Mittelmeerraum zu Hause ist und deshalb keinen Frost verträgt, wächst die

KORK-EICHE
Quercus suber

Familie Buchengewächse

Höhe bis zu 20 m

Rinde korkige, tief gefurchte Borke, bis zu 15 Zentimeter dick

Blatt nicht gebuchtet, sondern länglich-oval mit kurzen Zähnen an den Rändern

Blüte männliche und weibliche gelbe Blütenstände auf einem Baum.

Blütezeit April bis Mai

Frucht Die Eichel sitzt ziemlich tief im Fruchtbecher.

Vorkommen im Botanischen Garten

Wissenswertes Ihre dicke, korkige Borke schützt die Kork-Eiche vor den Folgen von Waldbränden. Sie ist ein sogenannter „Pyrophyt". Neben Flaschenkorken liefert die Borke der Kork-Eiche auch das Material für Fußbodenbeläge oder zur Dämmung. Die Kork-Eiche sollte nicht mit dem Amur-Korkbaum verwechselt werden, von dem ein Exemplar beispielsweise im Stadtpark wächst.

Früchte und Borke der Kork-Eiche

Kork-Eiche hier im Botanischen Garten in einem Kübel, der bei Bedarf hereingeholt werden kann. Wegen ihrer dicken, von vielen Korkschichten durchzogenen Borke wird die Kork-Eiche in Ländern wie Portugal und Spanien zur Herstellung von Flaschenkorken und anderen Dingen genutzt. Eine gute Borke liefert der Baum aber erst ab einem Alter von etwa zwanzig Jahren. Dann wird der Kork alle neun bis zwölf Jahre abgeschält. So hat er immer wieder genügend Zeit nachzuwachsen. In ihrer Heimat wachsen die licht- und wärmeliebenden Kork-Eichen oft in größeren, extensiv bewirtschafteten Kork-Eichenwäldern. Diese bilden einen wertvollen Lebensraum für seltene Tiere wie den Pardelluchs oder den Spanischen Kaiseradler. Da die Flaschenkorken heutzutage immer öfter aus Plastik hergestellt werden, könnte der Bestand an Kork-Eichen allmählich zurückgehen und so die Artenvielfalt bedroht werden.

Unser Baumspaziergang durch den Botanischen Garten geht jetzt langsam seinem Ende zu. Vorbei am Bibelgarten mit Bäumen und Sträuchern, die bereits in der Bibel Erwähnung finden wie *Judasbaum*, Feige und *Christusdorn* geht's wieder leicht bergab und dann in Richtung Ausgang. Zwei Bäume fallen uns noch auf: links ein *Silber-Ahorn* voll mit Misteln und rechts ein *Taschentuchbaum* mit goldgelben Blättern und rundlichen Früchten. •

Die Kratt-Eiche

Eine bizarre, vielstämmige Baumgestalt begegnet dem Spaziergänger im Naturschutzgebiet Wittenbergen in Hamburg-Rissen. Es ist eine **STIEL-EICHE** (Quercus robur), die durch den Menschen in ihrem Aussehen so verändert wurde, dass sie mit ihrer natürlichen Wuchsform kaum noch etwas gemein hat. Die Gestalt dieser sogenannten Kratt-Eiche („Kratt" bedeutet im Norddeutschen „Eichengestrüpp") geht auf eine längst außer Gebrauch gekommene Form der Waldwirtschaft zurück. Dabei wurden die jungen Stämme und Zweige in Abständen von zwanzig bis dreißig Jahren immer wieder abgehackt oder abgesägt. Die jungen Stämme dienten den Menschen als Brennholz, die belaubten Zweige als Viehfutter. Die Rinde der Eiche wurde zum Gerben von Leder genutzt. Da der Baum regelmäßig erneut austrieb, erhielt er so im Laufe der Zeit seine außergewöhnliche Gestalt. Nicht nur Eichen wurden auf diese Weise genutzt. Auch andere Baumarten wie etwa Birke oder Pappel sind in Kratt-Wäldern zu finden. In Hamburg gibt es Kratt-Bäume nicht nur in der Wittenbergener Heide, sondern auch in den Naturschutzgebieten Fischbeker Heide und Hainesch/Iland.

➜ Die Kratt-Eiche wächst auf der großen Binnendüne im Naturschutzgebiet Wittenbergen. Um ihr einen Besuch abzustatten, fahren wir mit der S1 bis Blankenese und dann mit dem Bus 189 bis zum Tinsdaler Kirchenweg. Noch ein kurzes Stück auf dem Wittenbergener Weg und schon gelangt man rechts in das Naturschutzgebiet, wo es nun noch einige Minuten am Nordrand entlanggeht.

Der Baum im Jahresverlauf

Frühling
Wenn im Frühling die Tage länger werden und die Temperaturen steigen, kehrt neues Leben in den Baum zurück. Er wächst wieder weiter. Besonders deutlich wird das bei einem Laubbaum. Seine Knospen brechen auf und entwickeln sich zu neuen Blättern und Blüten. Beim Berg-Ahorn beispielsweise geschieht dies gleichzeitig. Anders ist es bei seinem Verwandten, dem Spitz-Ahorn. Bevor sich die Blätter entfalten, blüht er erst einmal in einer leuchtend gelbgrünen Farbe. Für das rasche Wachsen neuer Triebe, Blätter und Blüten braucht der Baum besonders viel Wasser. Mit einem Stethoskop und etwas Glück lässt sich dann das „Rauschen" im Stamm einer jungen Birke oder Buche hören.

Sommer
Im Sommer bilden Ahorn & Co. bereits neue Knospen für das nächste Frühjahr. Die meisten unserer einheimischen Bäume sind dann bereits wieder verblüht. Die Winter-Linde allerdings zeigt erst zu Beginn des Sommers ihre unscheinbaren Blüten. Bei den Exoten gibt es aber einige Beispiele für Arten, die erst im Sommer blühen. Man denke nur an den Trompetenbaum mit seinen Glockenblüten oder an den Japanischen Schnurbaum mit seinen gelblich-weißen Blütenständen.

Herbst
Statt voller Blüten hängt der Baum im Herbst voller Früchte. Beim Spitz-Ahorn sind es die „Nasenzwicker“, bei der Rot-Buche die Bucheckern und bei der Eberesche die Vogelbeeren. Nach der Fruchtreife bereitet sich der Baum allmählich auf den Winter vor. Bevor seine Blätter abfallen, sind sie bei manchen Arten noch besonders schön verfärbt.

Winter
Während seiner Winterruhe ist der Laubbaum ganz kahl. Aber auch dann lässt er sich in manchen Fällen am Aussehen seiner Rinde oder an der Art seiner Verzweigung bestimmen. Liegen noch abgefallene Herbstblätter am Boden, umso besser!

Jenischpark 2

Der am Geesthang nördlich der Elbe gelegene Jenischpark ist der Rest einer von Baron Caspar von Voght (1752–1839) gestalteten weitläufigen Parklandschaft. Als weltgewandter Philanthrop und Freund der Künste hatte der Kaufmann Voght hier nach englischem Vorbild ein ausgedehntes Mustergut, eine sogenannte „ornamented farm“, angelegt. Es ging ihm um die Verbindung von landwirtschaftlich genutzten Flächen mit dekorativen Parkbereichen.

ANFAHRT

S-Bahn (S1, S11) bis Klein Flottbek (Botanischer Garten). Noch ein kurzer Spaziergang durch den Westerpark, dann die Baron-Voght-Straße überqueren und schon geht's durch ein großes, schmiedeeisernes Tor in den Jenischpark.

INFO

Der Verein „Freunde des Jenischparks“ bietet Rundgänge und eine kleine Broschüre mit Parkplan und Erläuterungen an (www.jenischparkverein.de).

SONSTIGES

Drei Museen laden zum Besuch ein: Das Jenisch Haus (Mi–Mo 11–18 Uhr, feiertags auch Di), das Ernst Barlach Haus (Di–So 11–18 Uhr, feiertags auch Mo) und das Bargheer Museum (Di–So 11–18 Uhr, feiertags auch Mo).

Der Jenischpark hat seinen Namen von dem zweiten Besitzer des Geländes, dem Senator Martin Johann Jenisch (1793–1857). Dieser stellte die landwirtschaftliche Nutzung ein, schuf ein neues Wegenetz und ließ auch das Jenisch Haus bauen. Die im klassizistischen Baustil errichtete Senatorenvilla ist heute eine Außenstelle des Altonaer Museums. Im Jahre 1927 erfolgte die Anpachtung des Parks durch die damals noch selbständige Stadt Altona. Dadurch sollte unter anderem die Anlage eines Golfplatzes verhindert werden, der sonst die historisch gewachsene Parkstruktur zerstört hätte. Einige Jahre später ging der Jenischpark in den Besitz der Stadt Hamburg über. Als englischer Landschaftsgarten ist er heute eines der bedeutendsten Gartendenkmäler der Hansestadt.

Vom Pleasureground zum Flottbektal

Ein Baumspaziergang durch den Jenischpark ist besonders reizvoll. Neben einer historisch alten Waldpartie wachsen hier auch viele Einzelbäume. Besonders eindrucksvoll sind die alten Eichen. Eine von ihnen gilt mit einem Stammumfang von fast acht Metern als die dickste Eiche Hamburgs. Manche der Eichen erinnern mit ihrer knorrigen Gestalt an Darstellungen in den Gemälden Caspar David Friedrichs. Eine ganz besondere Eiche wächst im Südosten des Jenischparks. In ihrem hohlen Inneren hat sich eine Birke angesiedelt. Neben den einheimischen Laub- und Nadelgehölzen sind im Park auch viele fremdländische Bäume zu entdecken. Sie wachsen zum großen Teil im nördlichen Teil des Parks, dem sogenannten „Pleasureground". Hier ließ Senator Martin Johann Jenisch zu Beginn des 19. Jahrhunderts Exoten wie den Mammutbaum oder eine Hängeform des Japanischen Schnurbaums pflanzen. Auch ein riesiger Ginkgo findet sich dort. Er ist über 150 Jahre alt und damit der älteste seiner Art in Hamburg. Um den Jenischpark als Gartenkunstwerk zu erhalten, wird er intensiv gepflegt. Doch es gibt auch einen Bereich, wo sich die Natur beinahe ungestört entwickeln kann: das „Flottbektal". Es ist Hamburgs kleinstes Naturschutzgebiet und die einzige tidebeeinflusste Talaue auf dem Gebiet der Hansestadt. Der Bach Flottbek ist hier noch den wechselnden Wasserständen der Elbe ausgesetzt. Viele Weiden sind zu sehen. Manche der bis zu achtzig Jahre alten Bäume sind umge-

BÄUME AUF DER STRECKE

- Riesen-Mammutbaum
- Urwelt-Mammutbaum
- **Ginkgo**
- Rosskastanie
- Berg-Ahorn
- Eibe
- Schwarz-Kiefer
- Tulpen-Magnolie
- Lebensbaum
- Araukarie (Anden-Tanne)
- **Japanischer Schnurbaum**
- Nootka-Scheinzypresse
- **Trompetenbaum**
- Esskastanie
- Schlitzblättrige Buche
- **Gemeine Esche**
- Weide
- Erle
- **Pappel**
- Hänge-Birke
- **Stiel-Eiche**

GINKGO
Ginkgo biloba

Familie Ginkgogewächse

Höhe bis zu 40 m

Rinde grau, längsrissig und breit gefurcht

Blatt fächerförmig und in der Mitte leicht eingekerbt

Blüte Unscheinbar, es gibt Bäume mit weiblichen und Bäume mit männlichen Blüten.

Blütezeit April bis Mai

Frucht Die kugelige Frucht ist zuerst grün, dann gelb und später braun.

Vorkommen Parks, Friedhöfe, große Gärten, auch an Straßen

Wissenswertes Diese aus Ostasien stammende Baumart existiert seit über 300 Millionen Jahren. Während dieser unvorstellbar langen Zeit hat sie sich in ihrem Aussehen kaum verändert. Deshalb wird der Ginkgo auch als „lebendes Fossil" bezeichnet. Es gibt nur wenige weibliche Ginkgobäume in Hamburg (z.B. vor dem Botanischen Garten in Klein Flottbek). Sie machen sich im Herbst unangenehm bemerkbar. Dann riecht es nach Erbrochenem, weil die äußeren Schalen ihrer kugelförmigen Früchte faulen.

Hamburgs ältester Ginkgobaum

stürzt. Sie treiben aber regelmäßig neu aus und bilden eine Strauchschicht, in der sich Pestwurz und Brennnessel angesiedelt haben.

Ein Gedicht für Goethes Marianne

Es ist ein tolles Frühlingswetter. Vorbei am Derbypark Klein Flottbek, dann einige Minuten durch den Westerpark, gelangen wir schließlich durch den Eingang Baron-Voght-Straße an unser Ziel. Was für ein schöner Anblick! Rechts das weiße Jenisch Haus mit seinen goldenen Brüstungen. Dahinter die sanft zur Elbe hin abfallenden gepflegten Wiesen. Links auf dem Pleasureground eine beeindruckende Kollektion exotischer Bäume. Zuerst entdecken wir einen riesigen, fast dreißig Meter hohen *Riesen-Mammutbaum*. Er stammt aus Nordamerika. Dort gibt es weit über 3000 Jahre alte Exemplare dieses Nadelgehölzes. Da unser Baum zu Lebzeiten des Senators Jenisch gepflanzt wurde, dürfte er an die 200 Jahre alt sein. Auffallend ist die besonders dicke und schwammige Rinde des Riesen-Mammutbaums. In ihrer nordamerikanischen Heimat schützt sie diese Pflanzen vor Waldbränden, denen sie dort während eines meist langen Lebens immer wieder ausgesetzt sind. Ein weiterer Mammutbaum wächst neben dem kleinen Café, das wir jetzt passieren. Diesmal ist es ein *Urwelt-Mammutbaum*, auch „Chinesisches Rotholz" genannt. Er gilt als sogenanntes

„lebendes Fossil“, hat sich also in Jahrmillionen kaum weiterentwickelt. Lange hielten Biologen diese Art für ausgestorben. Erst im Jahr 1941 wurde das erste lebende Exemplar in einer unzugänglichen Bergregion Chinas entdeckt. Es zeigt viele Übereinstimmungen mit den bisher gemachten Fossilfunden. Noch ein paar Schritte und wir kommen an eine Weggabelung, an der ein weiteres „lebendes Fossil“ steht: Hamburgs ältester ▸ **GINKGO**. Mit seinen 150 Jahren ist er aber noch „jung“ im Vergleich zu anderen Exemplaren. Der mit 240 Jahren vermutlich älteste Ginkgo Deutschlands steht im Schlosspark von Harbke südöstlich von Braunschweig. In anderen Ländern gibt es sogar Ginkgobäume, die über tausend Jahre alt sind. Auffallend sind die Blätter unseres Ginkgos. Sie sehen aus wie kleine Fächer, die in ihrer Mitte leicht eingekerbt sind. In Japan nennt man den Ginkgo auch „icho“, was ins Deutsche übersetzt „Entenfuß“ bedeutet. Und eine gewisse Ähnlichkeit der Blätter mit den Füßen dieses bekannten Wasservogels ist ja auch nicht zu leugnen. Das Ginkgo-Blatt gilt wegen seiner Form auch als Sinnbild für Liebe und Freundschaft. Im Jahre 1815 widmete der Dichter Johann Wolfgang von Goethe deshalb seiner späten Liebe Marianne von Willemer das Gedicht „Ginkgo biloba“.

Wir schauen uns hier im Pleasureground noch ein wenig weiter um. Neben Wiesen und verschiedenen Blumen- und Staudenrabatten wachsen hier die unterschiedlichsten

Ginkgoblätter ähneln kleinen Fächern.

JAPANISCHER SCHNURBAUM
Sophora japonica

Familie Schmetterlingsblütler

Höhe bis zu 25 m

Rinde graubraun, mit tiefen Längsfurchen

Blatt Unpaarig gefiedert, eine Fieder besteht aus bis zu 17 elliptischen Einzelblättchen.

Blüte gelblich-weiß, in langen, rispenartigen Trauben stehend

Blütezeit August bis September

Frucht längere, bohnenähnliche Hülsen, zwischen deren Samen sich Einschnürungen befinden

Vorkommen Parks, Friedhöfe, große Gärten

Wissenswertes Der Japanische Schnurbaum kommt gut mit dem Stadtklima zurecht. Er erträgt Hitze und Trockenheit, aber auch Streusalz und Überpflasterung.

Baumarten. Nicht alle stammen aus der Zeit Jenischs, sondern wurden erst später im Laufe der Jahre nachgepflanzt. Wir sehen Laubbäume wie *Rosskastanie* und *Berg-Ahorn* sowie Nadelbäume wie *Eibe* und *Schwarz-Kiefer*. Und wir entdecken natürlich auch weitere Exoten wie eine blühende *Tulpen-Magnolie*, einen *Lebensbaum* und eine *Araukarie*, auch *Anden-Tanne* genannt. Vor uns, links vom Eingang Hochrad steht eine kleinere Gewächshausanlage. Sie ist die Nachfolgerin mehrerer Gewächshäuser, die Senator Jenisch zu seiner Zeit errichten ließ. Er war ein begeisterter Orchideensammler, liebte aber auch Kakteen und Kamelien. Jetzt fällt uns ein ganz besonderer Baum auf. Er steht einige Schritte vom Ginkgo entfernt. Der Baum sieht aus wie ein Riesenpilz und wird mit Metallstangen gestützt. Seine Zweige hängen „traurig“ herab, und der Stamm ist grotesk gedreht. Es ist die Hängeform eines ▸ **JAPANISCHEN SCHNURBAUMS**, auch Japanischer Perlschnurbaum genannt. Wie der Ginkgo stammt dieser Exot ebenfalls aus China und nicht aus Japan, wie sein Name vermuten lässt. Unser Exemplar ist kleiner und seltener als ein normal gewachsener Japanischer Schnurbaum. Der kann bis zu 25 Meter hoch werden und findet sich im Mittelmeerraum hin und wieder sogar als Straßenbaum, weil er tolerant gegenüber Trockenheit und Abgasen ist. Der Japanische Schnurbaum ist eines der wenigen Laubgehölze, die im Sommer blühen. Das freut die Bienen, denn

Der Japanische Schnurbaum sieht wie ein Riesenpilz aus.

Blüten und Früchte des Trompetenbaums

TROMPETENBAUM
Catalpa bignonioides

Familie Trompetenbaumgewächse

Höhe bis zu 20 m

Rinde hellgrau, mit länglichen Furchen

Blatt groß und herzförmig

Blüte glockenförmige, weiße Blüten mit purpurfarbenen Schlundflecken in großen Rispen

Blütezeit Juni bis Juli

Frucht lange, bohnenförmige Kapselfrüchte

Vorkommen Parks, Friedhöfe, große Gärten, manchmal an Straßen

Wissenswertes Ein mächtiger, 79 Jahre alter Trompetenbaum steht auf einer Verkehrsinsel zwischen den Straßen Beim Schlump und Grindelallee in Harvestehude. Es handelt sich um die etwas seltener vorkommende Art „Catalpa speciosa“. Der Baum wurde dort 1943 von einer botanisch interessierten Familie als Abschiedsgeschenk gepflanzt. Sie musste damals Hamburg wegen der alliierten Bombardements verlassen und glaubte, ihre Heimatstadt nie wiederzusehen.

sie finden dann in den gelblich-weißen Blüten reichlich Nektar. Die Früchte dieses in manchen Hamburger Parks und auf einigen Friedhöfen wachsenden Baums sehen ganz besonders aus. Es sind längere Hülsen, zwischen deren Samen sich Einschnürungen befinden, so dass die bohnenähnlichen Früchte an Perlschnüre erinnern.

Kommt spät, geht früh

Jetzt geht’s in Richtung Ernst Barlach Haus. Das flache weiße Gebäude ist das älteste private Kunstmuseum in Norddeutschland. Es beherbergt die Werke des expressionistischen Künstlers Ernst Barlach. Auf dem Weg dorthin entdecken wir auf der Wiese noch eine „Tänzerin“, so der Name der dort stehenden Skulptur. Dahinter wächst eine etwa zwanzig Meter hohe *Nootka-Scheinzypresse*, hier in ihrer dekorativen Hängeform. Dieses Nadelgehölz wurde erstmals auf Nootka Island, einer Insel an der Westküste Kanadas, entdeckt und näher beschrieben. Das wertvolle Holz der Nootka-Scheinzypresse findet in Nordamerika beispielsweise Verwendung im Möbelbau und in der Kunstschreinerei. Hinter einer großen Infotafel vor dem Ernst Barlach Haus fällt uns ein Baum auf, an dem viele lange „Bohnen“ herabhängen. Das ist ein ▸ **TROMPETENBAUM**. Die „Bohnen“ sind seine Früchte. Sie bleiben den ganzen Winter am Baum und öffnen sich erst im nächsten Frühjahr.

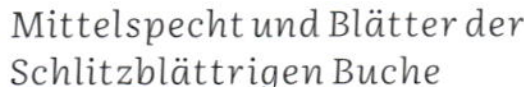

Mittelspecht und Blätter der Schlitzblättrigen Buche

Der in Nordamerika beheimatete Trompetenbaum ist bei uns immer wieder in Grünanlagen zu entdecken. Besonders im Sommer sieht er sehr attraktiv aus. Dann ist der Baum voller weißer Blüten, die gern von Bienen und Hummeln besucht werden. Die Blüten ähneln kleinen Glocken. Daher kommt der Name des Trompetenbaums. Wenn wir eines seiner großen herzförmigen Blätter in der Hand zerreiben, riecht es nicht sehr angenehm. Da der Trompetenbaum erst spät austreibt und seine gelbgrünen Blätter im Frühherbst schon wieder abwirft, wird er manchmal scherzhaft „Beamtenbaum" genannt: „Kommt spät, geht früh".

Geflügelte Nüsschen

Am Ernst Barlach Haus vorbei, vor dem eine kleinere *Esskastanie* steht, halten wir uns schließlich links. Dort wachsen verschiedene Sträucher und Bäume, darunter auch ein weiterer Trompetenbaum. Links am Wegesrand fällt uns ein Baum auf, der zwar den glatten und grauen Stamm einer Rot-Buche besitzt, dessen Blätter aber so gar nicht buchentypisch aussehen. Sie sind ganz unregelmäßig geschlitzt. Entsprechend lautet auch der Name dieses Baums: *Schlitzblättrige Buche*. Sie ist nur selten in Hamburger Parks zu sehen. Jetzt horchen wir auf. Was ist das denn für ein seltsam quäkender Ruf? Des Rätsels Lösung sitzt am Stamm einer *Stiel-Eiche*: Ein Mittelspecht, zu erkennen an seiner roten Kopfplatte. Er ist etwas kleiner als ein Buntspecht und viel seltener. Wir gehen jetzt nach links und kommen an einer feuchten Hangwiese entlang. Dort erfreuen uns die rosafarbenen Blütenstände des Wiesen-Knöterichs und die gelben Blüten des Hahnenfußes. Er hat seinen Namen wegen des Aussehens seiner grünen Blätter. Das erinnert nämlich ein wenig an Vogelfüße. Weiter in Richtung eines kleinen Spielplatzes entdecken wir links eine schön gewachsene ▸ **GEMEINE ESCHE**. An ihrem hohen Stamm hängt ein Vogelhäuschen, in dem junge Blaumeisen ständig nach Futter betteln. Schon im nächsten Moment kommt ein Altvogel mit den ersehnten Insekten im Schnabel herbeigeflogen. Dass unser Baum eine Esche ist, erkennen wir an ihrer netzförmigen Rinde und den großen gefiederten Blättern. Die Esche ist bei uns heimisch. Sie kann bis zu vierzig Meter hoch werden, liebt eher feuchte Böden und wächst nicht selten in Laubwäldern und Parks, manchmal sogar an Straßen. Die Blüten der Esche sind recht unscheinbar, aber ihre Früchte, die im Herbst reifen, fallen umso mehr auf. Es sind geflügelte Nüsschen, die nach der Reife noch längere Zeit büschelweise von den Zweigen hängen. Beim Herabfallen drehen sie sich und können vom Wind bis zu hundert Meter weit fortgetragen werden, um dann bei günstigen Bedingungen wieder auszukeimen.

Nun gehen wir nach rechts leicht bergab und kommen an ein Rückhaltebecken des Flüsschens Flottbek. Auf dem Wasser schwimmt ein Reiherentenpaar, und wir entde-

Unpaarig gefiedertes Blatt und Früchte der Gemeinen Esche

GEMEINE ESCHE
Fraxinus excelsior

Familie Ölbaumgewächse

Höhe bis zu 40 m

Rinde grau, längsrissig und breit gerippt

Blatt groß, unpaarig gefiedert mit gezähnten Blättchen

Blüte unauffällige gelbgrüne Blütenrispen

Blütezeit April bis Mai

Frucht geflügelte Nüsschen, büschelweise von den Zweigen hängend

Vorkommen Laub- und Mischwälder, Parks, Friedhöfe, manchmal an Straßen

Wissenswertes Die Gemeine Esche ist in Hamburg weitverbreitet. Sie leidet allerdings unter dem sogenannten „Eschensterben“. Das ist eine Baumkrankheit, die durch einen Pilz verursacht wird und bis heute nicht wirksam bekämpft werden kann. Deshalb sollen in Hamburg möglichst keine Eschen mehr als Straßenbaum gepflanzt werden.

cken sogar zwei Mandarinenten. Diese aus Ostasien stammenden Wasservögel sind in Hamburg nur sehr selten zu sehen. Im Schilfröhricht am Ufer wachsen einige Sumpf-Schwertlilien, auch Gelbe Schwertlilien genannt. Ihre langen schmalen Blätter sind wie Schwertklingen geformt. Wer Ende April hier am Rückhaltebecken steht, kann am Waldrand nördlich des Wegs zahlreiche Wilde Tulpen bewundern. Wir überqueren jetzt die Flottbek auf einer kleinen Brücke und spazieren in südliche Richtung entlang eines im Jahre 2015 renaturierten Abschnitts der Flottbek. Schließlich gelangen wir in das Naturschutzgebiet „Flottbektal". Die Flottbek zeigt hier noch ihren natürlichen Verlauf. Sie ist gewunden und nicht begradigt wie leider so viele Bäche und Flüsse in Hamburg. Auf den bunten Feuchtwiesen der von Hoch- und Niedrigwasser der Elbe geprägten Flusslandschaft entdecken wir zwischen Schilf und anderen Gräsern Mädesüß, Baldrian, Sumpfdotterblumen und Wiesen-Knöterich. Außerdem sehen wir *Weiden* und *Erlen*. Der Hangbereich westlich der Flottbek ist mit Bäumen wie Buchen und Eschen bewachsen. Wir gehen langsam weiter und haben jetzt links am Weg einen imposanten Baum vor uns, eine riesige ▸ **PAPPEL**. Es ist eine Kreuzung zwischen der *Amerikanischen* und der einheimischen *Schwarz-Pappel*. Sie wird auch als „Bastard-Schwarz-Pappel" bezeichnet. Dieser Hybrid ist in Hamburg recht häufig anzutreffen. Die einheimische Schwarzpappel, die gern an

Eine hohe Pappel im Flottbektal

PAPPEL
Populus x canadensis

Familie Weidengewächse

Höhe bis zu 30 m

Rinde Die graue Rinde ist tief gefurcht und besitzt senkrechte, parallel verlaufende Leisten.

Blatt dreieckig und lang zugespitzt

Blüte Es gibt Bäume mit weiblichen und Bäume mit männlichen Kätzchen.

Blütezeit April

Frucht kleine, ledrige Kapseln

Vorkommen Parks, Friedhöfe, Flüsse, Bäche, Seen, Moore, auch an Straßen

Wissenswertes Wenn im Sommer die weiblichen Fruchtkapseln aufplatzen, ist der Boden bedeckt mit den weißen, flauschigen Samen. Dieser „Pappelschnee" findet Verwendung als Füllung von Kissen und Decken, aber auch als Isoliermaterial.

feuchten Standorten entlang von Gewässern wächst, steht in Deutschland leider schon auf den Roten Listen bedrohter Pflanzenarten. Durch Absenken von Grundwasser, Rodungen von Flussauen, Begradigung von Flüssen und auch durch Konkurrenz mit Hybrid-Pappeln ist der Lebensraum der Schwarz-Pappel immer kleiner geworden. Es gibt hierzulande nur noch einige Tausend Exemplare. Einige davon wachsen auch in Hamburg. Unsere Pappel hat einen Stammumfang von über sechs Metern und eine Höhe von etwa dreißig Metern.

„Birke-in-der-Eiche" und Eierhütte

Eine der Ältesten und Dicksten

Im Jenischpark gibt es auch noch ein ganz besonders spektakuläres Baum-Paar. Das wollen wir uns jetzt mal näher anschauen. Dazu geht's in südöstlicher Richtung ein wenig bergauf, und schon nach einigen Schritten stehen wir vor der „Birke-in-der-Eiche". Hier hat sich vor etwa hundert Jahren der Same einer *Hänge-Birke* in den hohlen Stamm einer damals schon älteren *Stiel-Eiche* „verirrt". Daraus ist mittlerweile ein ansehnlicher Baum geworden, der mit seinem „Partner" eng verbunden ist. Nun spazieren wir zurück ins Flottbektal und überqueren den Bach ein zweites Mal. Hier ist es richtig urig: dichtes Weidengestrüpp, Brombeeren, Brennnesseln und überall Pestwurz. Noch sehen wir nur ihre rötlich-weißen Blütenstände. Aber im Sommer bedecken dann die riesigen Blätter dieser Staude den feuchten Boden. Den Geesthang hinauf, gelangen wir zur sogenannten „Eierhütte". Hier haben wir einen wunderbaren Blick ins Flottbektal. Den Namen hat diese kleine Holzhütte von der ovalen Form ihrer Fenster. Auf den trockeneren Wiesen bei der Eierhütte sind im Juni die rotvioletten Blüten der Schwarzen Flockenblume zu sehen. Sie konnte sich hier ansiedeln, weil sie als Verunreinigung in Grassaaten enthalten war. Hinter der Eierhütte beginnt ein alter Laubwald, den wir jetzt kurz durchwandern. Hier und da sind Frühblüher wie Buschwindröschen und Scharbockskraut zu sehen. Schließlich erreichen wir einen breiteren Weg. Schauen wir nach rechts, erblicken wir eine aus rohen Stämmen und Ästen gezimmerte Brücke. Unter dieser „Hohen Brücke" fuhren früher Pferdekutschen mit den Gästen von Senator Jenisch hindurch. Schauen wir nach links, sehen wir das nicht weit entfernte Jenisch

STIEL-EICHE
Quercus robur

Familie Buchengewächse

Höhe bis zu 40 m

Rinde tief gefurchte, graubraune Rippenborke

Blatt sehr kurzer Stiel, in fünf bis sechs Buchten gelappt, am Grund mit Öhrchen

Blüte männliche und weibliche Blüten auf einem Baum; männliche Blüten in gelblichgrünen, in Büscheln herabhängenden Kätzchen, weibliche Blüten in langgestielten Ähren

Blütezeit April bis Mai

Frucht Eicheln in gestielten Fruchtständen

Vorkommen Wälder, Parks, Friedhöfe, große Gärten und als Straßenbaum

Wissenswertes Das harte, zähe und wasserdichte Holz der Stiel-Eiche ist vielseitig verwendbar. Schon vor sehr langer Zeit wurde es für den Schiffsbau genutzt. Die Stiel-Eiche ist Lebensraum für viele Tierarten, zum Beispiel die Eichengallwespe. Ihre Larve lebt auf der Unterseite eines Blatts in einem grünen Gallapfel, der sich später rot färbt. Die Eichengallwespe ist für den Baum nicht schädlich, wohl aber die Raupen des Eichenwicklers, einer Schmetterlingsart. Sie können junge Stiel-Eichen völlig kahlfressen.

Hamburgs mächtigste Stiel-Eiche

Haus. Diesen Weg schlagen wir ein und staunen über die mächtigen alten Eichensolitäre, die so charakteristisch für den Jenischpark sind. Besonders eindrucksvoll ist eine ▸ **STIEL-EICHE**, die rechts vom Weg am Rand einer Wiese steht. Sie hat einen außergewöhnlich dicken Stamm und dürfte mit ihrem Alter von über 500 Jahren eine der ältesten und dicksten Stiel-Eichen in Hamburg sein. Ihr Stamm ist hohl und wurde von einem Baumchirurgen mit Metallstangen stabilisiert. Jetzt im Frühling blüht sie noch. Erst im Herbst erscheinen ihre Früchte, die Eicheln. Sie sitzen zu mehreren an bis zu vier Zentimeter langen Stielen. Daher kommt der Name dieses Baums. Jetzt hören wir das Rätschen eines Eichelhähers. Er liebt Eicheln ganz besonders und vergräbt sie auch gern an verschiedenen Stellen als Vorrat für den Winter. Manche Verstecke vergisst er, so dass unter günstigen Bedingungen neue Bäume aufkeimen können. Das Eichhörnchen macht es genauso und sorgt wie der Eichelhäher als „Pflanzer des Waldes" für eine Verjüngung der Baumbestände.

Zum Ende unseres schönen Spaziergangs ruhen wir uns noch ein wenig auf einer der Bänke aus, die auf einem kleinen Hügel beim Jenisch Haus unter einer Gruppe drei alter Stiel-Eichen aufgestellt sind. Hier genießen wir den Blick über die große Parkwiese und können südlich der Elbe sogar die Harburger Berge erkennen. •

Das Eichen-Birken Paar

Einem Liebespaar der besonderen Art begegnet der Spaziergänger im Südosten des Jenischparks. Es ist die sogenannte „Birke-in-der-Eiche“. Wie ist dieses Baumkuriosum entstanden? Vor etwa hundert Jahren hat sich hier der Same einer **HÄNGE-BIRKE** (Betula pendula) in den hohlen Stamm einer damals schon über 200 Jahre alten **STIEL-EICHE** (Quercus robur) „verirrt“. Daraus ist heute ein ansehnlicher Baum

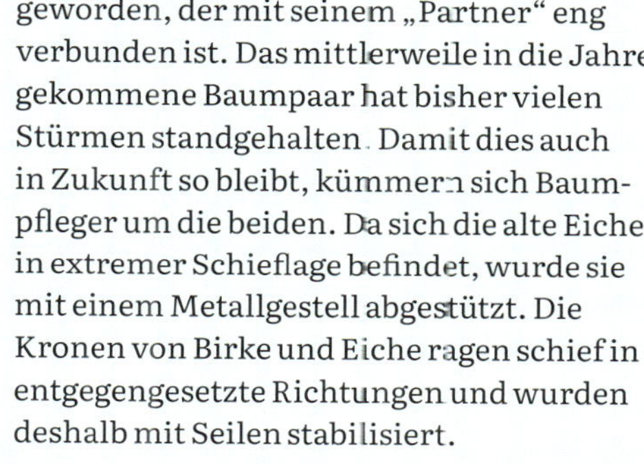

geworden, der mit seinem „Partner“ eng verbunden ist. Das mittlerweile in die Jahre gekommene Baumpaar hat bisher vielen Stürmen standgehalten. Damit dies auch in Zukunft so bleibt, kümmern sich Baumpfleger um die beiden. Da sich die alte Eiche in extremer Schieflage befindet, wurde sie mit einem Metallgestell abgestützt. Die Kronen von Birke und Eiche ragen schief in entgegengesetzte Richtungen und wurden deshalb mit Seilen stabilisiert.

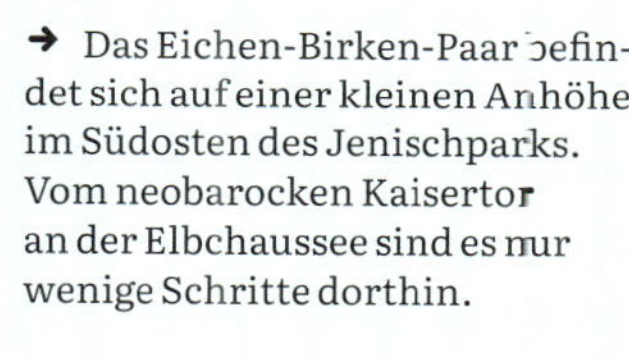

→ Das Eichen-Birken-Paar befindet sich auf einer kleinen Anhöhe im Südosten des Jenischparks. Vom neobarocken Kaisertor an der Elbchaussee sind es nur wenige Schritte dorthin.

Von Gelb bis Rot – Bunte Herbstblätter

Bevor der Winter Einzug hält, präsentieren sich viele Gehölze noch einmal von ihrer besonders schönen Seite. Die Bäume und Sträucher tönen ihre Blätter um: Grün kommt aus der Mode, dafür zeigen sich Gärten, Parks und Wälder in Gelb, Orange und Rot. Der „Indian Summer" vor der Haustür lädt zu ausgedehnten Spaziergängen in der Natur ein. Aber nicht lange lassen sich die herrlichen Farben des goldenen Herbstes genießen. Bald fallen die Blätter, und dann ist es mit der Pracht schon wieder vorbei.

Die sommergrünen Laubgehölze in hiesigen Breiten werfen im Herbst die Blätter ab, um sich auf den winterlichen Wassermangel vorzubereiten. Über ihre Blätter verdunsten sie nämlich ständig einen großen Teil des durch die Wurzeln aufgesogenen Wassers – bei einer hundertjährigen Rot-Buche etwa 400 Liter pro Tag. Wenn im Winter der Boden gefriert, bleibt der Wassernachschub aus. Die Pflanzen würden langsam austrocknen, wenn sie nicht die „geniale Idee" gehabt hätten, sich einfach ihrer Blätter zu entledigen und dadurch die Wasserabgabe wirksam zu stoppen. Der Blattabwurf ist nicht nur ein wirksamer Verdunstungsschutz, sondern hat noch weitere Vorteile für die Pflanzen: Er entsorgt giftige Stoffwechsel-Endprodukte und – heutzutage besonders von Bedeutung – gespeicherte Umweltgifte. Auch halten kahle Bäume der Schneelast besser stand. Außerdem sichert der Laubfall den im Frühling austreibenden Knospen ausreichend Licht für ihre Entwicklung.

Das Abwerfen der Blätter ist ein durch Abnahme von Tageslänge und Temperatur induzierter und durch Phytohormone gesteuerter Vorgang. Nach neueren Forschungen scheint dabei das Gas Ethylen als hormoneller Wirkstoff im Spiel zu sein. Im Blattstiel wird ein Trenngewebe ausgebildet, dessen Zellen sich durch Verschleimen der Mittellamellen und Sichabrunden voneinander lösen, so dass schließlich das Blatt aufgrund seines eigenen Gewichts abfällt. Ein Abschlussgewebe aus Kork verschließt die Wunde und schützt vor Wasserverlust und dem Eindringen von Pflanzenschädlingen.

Auch immergrüne Pflanzen wie die meisten Nadelhölzer werfen ihre Blätter ab. Allerdings nicht regelmäßig im Herbst, sondern kontinuierlich die eine oder andere Nadel. So bleibt eine Nadel der Kiefer etwa fünf Jahre, der Fichte bis zu sieben Jahre und der Tanne sogar bis zu elf Jahre am Zweig. Dass die Nadelbäume nicht regelmäßig im Winter blattlos sind, liegt am effektiven Verdunstungsschutz ihrer Nadeln. Die schmalen Blätter haben eine kleine Oberfläche. Die Ausgänge ihrer Spaltöffnungen sind verengt und eingesenkt, so dass eine Wasserabgabe stark eingeschränkt ist. Außerdem sind die oberen Epidermiszellen nach außen hin dickwandig, und zusätzlich schützt eine Wachsschicht vor stärkerem Feuchtigkeitsverlust.

Durch vielfältige Umwelteinflüsse kommt es immer wieder zu vorzeitigem Laubfall. Die Blätter sind dann noch grün, häufig aber auch braun gefärbt. In längeren Hitzeperioden vertrocknen die Blätter. Auch erhöhte Bodenfeuchtigkeit führt zum Verwelken, weil die Wurzeln faulen und kaum noch Wasser aufnehmen. Schadstoffe im Boden und in der Luft wie etwa die Chlorid-Ionen aus dem Streusalz oder Stickoxide in Autoabgasen schwächen die Pflanzen und lassen die Blätter schon im Sommer von den Bäumen fallen. Durch extreme Witterungsverhältnisse und durch Umweltgifte geschwächte Bäume sind besonders anfällig für Pilzbefall und Schadinsekten wie Miniermotten, was ebenfalls vorzeitigen Blattfall bewirkt. Wenn Esche, Erle und Holunder grüne Blätter abwerfen, ist das allerdings normal, denn sie verfärben sich nicht.

Das leuchtende Farbenspiel des Herbstes – Pappeln werden goldgelb, Ahornblätter leuchten in Gelb und Orange, Rot-Eichen fallen durch ihr Feuerrot auf – beruht in erster Linie auf einer Änderung des Mengenverhältnisses der Blattfarbstoffe. Im Frühling und Sommer überwiegt der grüne Blattfarbstoff, das für die Photosynthese unabdingbare Chlorophyll. Er überdeckt die anderen Pigmente. Um einen Verlust dieses für die Pflanze sehr wichtigen Farbstoffs zu verhindern, zerlegt sie ihn im Herbst fast vollständig in kleinere Bestandteile, die sie aus dem Blatt herauszieht und bis zum nächsten Frühjahr, wenn die neue Blattgeneration wieder Chlorophyll benötigt, in Zweig, Stamm oder Wurzel deponiert. Durch den Wegfall des Blattgrüns können nun die anderen Pigmente voll zur Geltung kommen. Die Karotinoide (gelb, orange, rot), die Xanthophylle (gelb) und die Anthocyane (rot, violett, blau) verursachen die beeindruckende herbstliche Laubfärbung.

Altonaer Volkspark 3

Ob ein zünftiges Picknick auf der großen Spielwiese, ein geruhsamer Spaziergang auf verschlungenen Waldwegen oder ein Stelldichein in lauschiger Gartenecke – der Altonaer Volkspark, mit rund 205 Hektar Hamburgs größte öffentliche Grünfläche, bietet allen etwas.

ANFAHRT

Der Altonaer Volkspark liegt im Westen Hamburgs und ist gut mit öffentlichen Verkehrsmitteln zu erreichen: S-Bahn (S3, S21) bis Stellingen. Buslinien 2 und 3 bis August-Kirch-Straße. Buslinie 2 bis Luruper Chaussee (DESY) oder Stadionstraße. Buslinie 22 bis Langbargheide (Süd) oder Hellgrundweg (Arenen). Buslinie 180 bis Am Volkspark.

SONSTIGES

- Ein kleines Arboretum auf dem Gelände des Schulgartens lädt ein zum Besuch einheimischer und exotischer Bäume.
- Im Dahliengarten sind von Mitte Juli bis Ende Oktober über 600 Dahliensorten zu sehen. Er ist ganztägig geöffnet.

INFO

Eine interaktive Karte des Volksparks findet sich unter: www.hamburg.de/karte-volkspark

Der damalige Altonaer Gartenbaudirektor Ferdinand Tutenberg ließ die abwechslungsreiche Parkanlage in Bahrenfeld zwischen den Jahren 1914 und 1933 anlegen. Es ging ihm um frische Luft und Erholung für die damals stark anwachsende Bevölkerung. Nach den Plänen Tutenbergs sollten nicht in erster Linie geometrische Elemente den Park bestimmen, sondern die vorgegebenen Landschaftsformen. So sind bewaldete Hügel und Schluchten, aber auch Lichtungen ein wesentlicher Bestandteil des Altonaer Volksparks.

Friedhofsbesuch im Herbst

Der Altonaer Volkspark und der nördlich davon gelegene Hauptfriedhof Altona sind nicht nur für erholungsuchende Menschen von Bedeutung, hier finden auch die verschiedensten Pflanzenarten einen Lebensraum. Einige davon wollen wir während unserer Kurzwanderung etwas näher kennenlernen. Zuerst besuchen wir den Hauptfriedhof Altona. Größere Teile davon sind parkähnlich gestaltet. Hier lässt sich entspannt unter alten Bäumen spazieren und zu jeder Jahreszeit Interessantes entdecken. Besonders lohnenswert ist ein Friedhofsbesuch im Frühling. Dann erwartet uns gleich am Haupteingang eine Allee mit rosa blühenden Japanischen Zierkirschen. Aber auch im Herbst ist einiges zu sehen. Dann spielt das Laub mit verschiedenen Farben, die Sträucher tragen bunte Früchte, und am Wegesrand können wir den einen oder anderen Pilz finden. Nach unserem kleinen Rundgang über den Friedhof geht es weiter in den Dahliengarten. Er besteht seit dem Jahr 1932 und ist einer der ältesten seiner Art in Deutschland. Hier zeigen sich Dahlien in ihrer ganzen Farben- und Formenvielfalt. Etwa eine rote Kaktus-Dahlie, eine gelbblühende Pompon-Dahlie oder eine rosafarbene Hirschgeweih-Dahlie. Beim anschließenden Gang durch den abwechslungsreich gestalteten Schulgarten sehen wir neben Astern und anderen einheimischen Pflanzen auch Gewächse aus anderen Regionen wie eine südamerikanische Araukarie oder einen im Mittelmeerraum beheimateten Perückenstrauch. Am Schluss unseres Besuchs im Altonaer Volkspark gehen wir noch eine Weile durch die urige Parklandschaft mit ihren bewaldeten Hügeln und Schluchten und gelangen schließlich auf einen von Büschen und Bäumen gesäumten gepflasterten Weg zum S-Bahnhof Stellingen.

BÄUME UND STRÄUCHER AUF DER STRECKE

- Japanische Zierkirsche
- Spitz-Ahorn
- Hänge-Birke
- **Gemeine Stechpalme**
- **Gewöhnliche Rosskastanie**
- Trauer-Buche
- **Gewöhnliches Pfaffenhütchen**
- Araucarie
- Gleditschie
- **Robinie**
- Amerikanische Eiche
- Stiel-Eiche
- **Hainbuche**
- Fichte
- **Wald-Kiefer**

Spitz-Ahorn und Hänge-Birke

An einem sonnigen Herbsttag fahren wir mit der Buslinie 2 bis zur Haltestelle Stadionstraße und spazieren unter den Kronen alter Eichen zum Haupteingang des Hauptfriedhofs Altona. Ein kleiner Garten für Wildbienen fällt uns auf. Nektar- und pollenliefernde Pflanzen sind schon verblüht. Doch auch in der kühleren Jahreszeit ist dieser Garten für manche Wildbienen interessant. Sie überwintern nämlich in den Stängeln abgestorbener Stauden und anderer Gewächse. Wir gehen nun ein Stückchen auf der Allee mit den *Japanischen Zierkirschen*, die jetzt natürlich ebenfalls nicht mehr blühen, und halten uns dann rechts. Wenn auch auf dem Friedhof zurzeit nur wenig blüht, auf Farben müssen wir trotzdem nicht verzichten. Hier zeigt sich ein *Spitz-Ahorn* in leuchtendem Orange, dort eine *Hänge-Birke* in hellem Gelb. Die schöne Herbstfärbung verdanken die Bäume verschiedenen Blattfarbstoffen. Sie kommen zur Geltung, weil der alles überdeckende grüne Farbstoff, das für die Photosynthese wichtige Chlorophyll, im Herbst aus den Blättern herausgezogen und für den Blattaustrieb des nächsten Frühjahrs im Stamm gespeichert wird.

Harry Potters Zauberstab

Der Herbst ist natürlich auch die Zeit der Wildfrüchte. Darüber freuen sich besonders die Vögel. Die weißen Schneebeeren mögen sie allerdings nicht so gern. Wohl aber die roten Vogelbeeren, wie uns eine Amsel gerade

Die Amsel liebt die roten Früchte der Gemeinen Stechpalme.

GEMEINE STECHPALME
Ilex aquifolium

Familie Stechpalmengewächse

Höhe bis zu 6 m

Rinde dünn, schwarzgrau

Blatt ledrig, immergrün, am Rand meist stachelig gezähnt und wellig

Blüte weiß und klein; männliche und weibliche Blüten an verschiedenen Pflanzen

Blütezeit Mai bis Juni

Frucht rote Steinfrüchte

Vorkommen Laub-, Misch- und Nadelwälder, als Zierstrauch in Parks, Friedhöfen und Gärten

Wissenswertes Bienen und Hummeln besuchen gern die Blüten, um Nektar und Pollen zu tanken. Blätter und Früchte der Stechpalme sind giftig. Manchen Tieren macht das nichts aus. So stehen die korallenroten Steinfrüchte bei Amseln, Mönchsgrasmücken und anderen Vogelarten auf dem Speisezettel.

zeigt. Auch die ebenfalls roten Steinfrüchte der ▸ **GEMEINEN STECHPALME** sind bei den Gefiederten sehr beliebt. Wir sollten allerdings nicht von ihnen naschen, da sie für uns giftig sind. Ein Verzehr kann zu Übelkeit, Erbrechen und Durchfall führen. Die stacheligen Blätter dieses immergrünen Strauchs piksen zwar, doch Rehe und anderes Wild fressen sie trotzdem, und das besonders im Winter, wenn die Nahrung knapp wird. Die Gemeine Stechpalme ist keine richtige Palme. Sie wird aber am Palmsonntag in manchen Gegenden mangels echter Palmwedel als Ersatz genommen. In England und Amerika haben die Zweige der Gemeinen Stechpalme eine lange Tradition als Dekoration für das Weihnachtsfest. Ihr Holz ist hart und gut zu polieren. Es eignet sich hervorragend für Drechselarbeiten und wurde früher zu Intarsien von Möbelstücken verarbeitet. Auch Spazierstöcke stellte man aus Stechpalmenholz her. Ein berühmtes Beispiel ist der Spazierstock des Dichters Johann Wolfgang von Goethe. Er ist noch heute im Goethehaus in Weimar zu besichtigen. Übrigens: Auch Harry Potter hat der Stechpalme etwas zu verdanken. Sie lieferte das Material für seinen Zauberstab.

Bedrohte Kastanie

Weiter geht's in Richtung des nördlichen Teils des Friedhofs. Wir freuen uns über eine große *Robinie*. An ihren dornigen Zweigen hängen lange und abgeflachte Hülsen-

GEWÖHNLICHE ROSS-KASTANIE
Aesculus hippocastanum

Familie Kastaniengewächse

Höhe bis zu 30 m

Rinde graubraune Schuppenborke

Blatt Fiederblatt mit fünf bis sieben handförmig angeordneten Fiedern, Ränder doppelt gesägt

Blüte weiße Blüten in aufrecht stehenden Rispen, auch „Kerzen“ genannt

Blütezeit April bis Mai

Frucht stachelige Kapselfrüchte mit glänzend braunen Samen

Vorkommen Parks, Friedhöfe, große Gärten, als Straßenbaum

Wissenswertes Die vielen Blüten der Gewöhnlichen Rosskastanie locken mit ihrem reichlichen Nektar und Pollen Bienen und andere Insekten zum Bestäuben an. Solange die Blüten noch nicht bestäubt wurden, haben sie einen gelben Fleck. Nach erfolgter Bestäubung wird der Fleck rot. Damit signalisiert die Blüte: Hier gibt es keinen Nektar und Pollen mehr.

Blüten und Früchte der Gewöhnlichen Rosskastanie

früchte. Die bleiben manchmal bis zum nächsten Frühjahr am Baum. Ein Eichhörnchen sitzt auf dem Weg und knabbert an einer Haselnuss. Als es uns entdeckt, flitzt es geschwind den dicken Stamm einer Buche hinauf und verschwindet im Blattwerk. Da! Pilze! Es sind Schopf-Tintlinge. Diese Speisepilze sind allerdings nicht lange haltbar. Schon nach kurzer Zeit zerfließen sie zu einer tintenartigen Flüssigkeit und sind dann nicht mehr zu genießen. Bei einem Findling, hinter dem eine fünfstämmige Eiche wächst, gehen wir im Bogen nach links und erreichen nach ein paar Minuten einen kleinen, naturnahen Teich mit Wasserlinsen, Schwimmblättern von Seerosen und einigen Fruchtständen des Breitblättrigen Rohrkolbens. Ganz in der Nähe des Teichs sehen wir mehrere jüngere ▸ **GEWÖHNLICHE ROSSKASTANIEN.** Beim Blick nach oben fallen uns die vielen bräunlichen Flecken auf den Kastanienblättern auf. Das sind die Fraßgänge der Larven der Rosskastanienminiermotte, eines Kleinschmetterlings. Er ist ein weitverbreiteter Pflanzenschädling, der in Hamburg bereits unzählige Kastanien befallen hat. Die Rosskastanienminiermotte hat kaum natürliche Feinde und ist auch nur schwer zu bekämpfen. Die einzige hilfreiche Maßnahme gegen den Befall besteht im Einsammeln und Vernichten der betroffenen Blätter. Am Boden unter den Rosskastanien liegen neben abgefallenen Blättern auch einige der stacheligen Kapselfrüchte. Manche sind beim

Aufprall aufgeplatzt und haben die großen braunglänzenden Samen, die Kastanien, freigegeben. Kinder mögen sie sehr. Sie basteln aus ihnen gern lustige Figuren.

Verlockendes Rotkehlchenbrot

Jetzt verlassen wir den Hauptfriedhof Altona, überqueren die Stadionstraße und gehen in Richtung Dahliengarten. Aus einer *Trauer-Buche* sind das helle „Zizibe-Zizibe" einer Kohlmeise und der wehmütige Gesang eines Rotkehlchens zu hören. Noch blüht es im Dahliengarten in vielen Farben. Doch beim ersten Bodenfrost müssen die Knollen der empfindlichen Pflanzen ausgegraben und bei fünf bis sieben Grad Celsius bis zur nächsten Saison im Dunkeln gelagert werden. Wir genießen noch ausgiebig das Blütenmeer. Die einzelnen Sorten haben jeweils eigene Beete. Es gibt sogar ein Beet, das mit Dahlien bepflanzt wurde, die nach bekannten Persönlichkeiten wie Loki Schmidt, Uwe Seeler und Heidi Kabel benannt sind. Noch berauscht von der Dahlienpracht spazieren wir nun, immer den Hinweisschildern nach, zum Schulgarten. An Buchen, Eichen, Ahornen und Fichten entlang gelangen wir zuerst an eine große Spielwiese. Sie ist von alten Linden umstanden. Diese Bäume sind ein Paradies für Blattläuse. Das weiß jeder, der sein Auto schon einmal unter Linden geparkt und sich über die klebrigen Ausscheidungen dieser Insekten geärgert hat.

Dahliengarten und Trauer-Buche

Die Frucht des Gewöhnlichen Pfaffenhütchens erinnert an ein Birett.

GEWÖHNLICHES PFAFFENHÜTCHEN
Euonymus europaeus

Familie Spindelstrauchgewächse

Höhe bis zu 3 m

Rinde graubraun, längsrissig

Blatt eiförmig bis elliptisch, Rand kerbig gesägt

Blüte zwittrig, kleine weißliche bis blassgrüne Blüten an Trugdolden

Blütezeit Mai bis Juni

Frucht rosafarbene Kapselfrüchte mit orangerot ummantelten Samen

Vorkommen lichte Laubwälder, Auwälder, Waldränder, Hecken, Parks, Friedhöfe

Wissenswertes Das gelbe Holz des Gewöhnlichen Pfaffenhütchens ist sehr zäh und wurde früher unter anderem zur Herstellung von Orgelpfeifen, Stricknadeln und Schuhnägeln genutzt. Drechsler stellten aus dem Holz auch Garnspindeln her. Daher kommt der Name „Spindelstrauch" für diese Pflanze.

Es geht weiter. Nach einigen Minuten erreichen wir den Schulgarten. Gleich beim Betreten fallen uns die herbstlich rot verfärbten Blätter und die leuchtenden Früchte eines ▸ **GEWÖHNLICHEN PFAFFENHÜTCHENS** ins Auge. Seine vier rosafarbenen Klappen sind aufgesprungen und geben den Blick auf die orangerot ummantelten Samen frei. Den Namen verdankt dieser nicht seltene Strauch der Form seiner Kapselfrüchte. Sie erinnert an ein Birett. So bezeichnet man die rote, vierkantige Kopfbedeckung katholischer Geistlicher. Das Gewöhnliche Pfaffenhütchen ist in allen seinen Teilen giftig, besonders die Samen. Bei einigen Vögeln steht die Pflanze dennoch hoch im Kurs. Entweder sie schälen den genießbaren Mantel von den Samen und lassen diese dann fallen oder sie verschlucken ihn mit den Samen zusammen. Den giftigen Kern scheiden sie später unverdaut wieder aus und sorgen so für die Verbreitung dieses Strauchs. Das Rotkehlchen und andere Gefiederte lieben die Früchte des Gewöhnlichen Pfaffenhütchens so sehr, dass man sie auch „Rotkehlchenbrot" nennt. Mit ihren knallbunten Farben sehen sie aber auch wirklich verlockend aus. Besonders Kinder sind gefährdet, von ihnen zu naschen. Die Folge können schwere Vergiftungen sein.

Wir schauen uns noch ein wenig um im geometrisch angelegten Schulgarten. Früher lieferte er Altonaer Schulen Anschauungsmaterial für den Biologie- und Zeichenun-

Gewöhnliches Pfaffenhütchen im Herbst

Stamm und Blüten einer Robinie

ROBINIE

Robinia pseudoacacia

Familie Schmetterlingsblütler

Höhe bis zu 30 m

Rinde tief gefurchte Rippenborke

Blatt unpaarig gefiedert, Blättchen oval mit glattem Rand

Blüte weiße zwittrige Blüten in langen, hängenden Trauben

Blütezeit Mai bis Juni

Frucht graubraune, abgeflachte Hülsenfrüchte

Vorkommen Parks, Friedhöfe, große Gärten, Wälder, manchmal an Straßen

Wissenswertes Robinien besiedeln auch unwirtliche Lebensräume. Ihre Wurzeln bilden nämlich eine Symbiose mit sogenannten Knöllchenbakterien. Diese können den Luftstickstoff binden und dann den Boden damit anreichern. Deshalb können Robinien auch stickstoffarme Biotope wie etwa Trockenrasen oder Binnendünen besiedeln. Dort verdrängen diese Bäume dann aber Pflanzen, die an solche stickstoffarmen Bodenverhältnisse angepasst sind.

terricht. Heute erfreut er die Besucher mit Zierstrauchrabatten und interessanten Bäumen wie etwa einer großen *Araucarie* oder einer *Gleditschie* mit ihren langen Dornen am Stamm und an den Zweigen. Wir entdecken auch die länglichen, abgeflachten Hülsenfrüchte dieses herbstlich grüngelb verfärbten Baums. An den vielen Heckenrosenbüschen hängen jetzt Hagebutten. Manch einer kennt sie vielleicht noch aus seiner Kindheit als „Juckpulver". An verschiedenen Stellen sind die helmartigen Blüten des giftigen Blauen Eisenhuts zu sehen.

Falscher Akazienhonig

Schließlich kommen wir in den südlichen Teil des Schulgartens. Dort sind sieben Musterkleingärten zu besichtigen. Beim Blick in einen von ihnen freuen wir uns über die großen Blüten der Sonnenblume und über die schöne Farbkombination des Gelben mit dem Purpursonnenhut. Diese zu den Korbblütlern gehörenden Stauden stammen ursprünglich aus Nordamerika. Nachdem wir noch ein Tagpfauenauge bewundern konnten, ruhen wir uns ein wenig auf einer Bank unter einer imposanten zweistämmigen ▸ **ROBINIE** aus. Zwischen ihren zarten Fiederblättern sehen wir die graubraunen, abgeflachten Hülsenfrüchte. Die Robinie, auch Falsche Akazie genannt, stammt aus dem Osten Nordamerikas. Vor über 400 Jahren gelangte

HAINBUCHE
Carpinus betulus

Familie Birkengewächse

Höhe bis zu 25 m

Rinde glatt, silbergrau, netzartig gemustert

Blatt eiförmig, am Ende zugespitzt, Rand doppelt gesägt

Blüte männliche und weibliche Kätzchen an einem Baum

Blütezeit April bis Mai

Frucht kleine, jeweils mit einem dreizipfeligen Flugorgan ausgestattete Nüsschen, die paarweise zu mehreren übereinander angeordnet sind

Vorkommen Laubwälder, Waldränder, Hecken, Gärten, Parks, Friedhöfe, als Straßenbaum

Wissenswertes Die Hainbuche besitzt das härteste Holz aller heimischen Bäume. Man verwendete es früher, als Eisen noch knapp und teuer war, für besonders stark beanspruchte Fahrzeug- und Maschinenteile wie Achsen und Zahnräder. Heute wird es beispielsweise für die Herstellung von Werkzeugstielen oder Hackbretter genutzt.

Blätter der Hainbuche und Hainbuchenhecke

sie nach Europa und wurde dort ein in Parks und Gärten beliebter Baum. Später verwilderte dieser Neophyt und breitete sich weiter aus. Da die Robinie gut mit Abgasen, Wärme, Trockenheit und dem Streusalz in der Stadt zurechtkommt, wächst sie bei uns nicht nur in Parks, Gärten und Wäldern, sondern auch an manchen Straßen. Besonders schön ist die Falsche Akazie im Frühling. Dann hängen ihre weißen Blüten wie Trauben an den Ästen. Weil sie stark duften und viel Nektar enthalten, kommen die Bienen gern zu Besuch. Das Ergebnis ihres emsigen Sammelns ist ein wohlschmeckender Honig, der bekannte „Akazienhonig".

Eine „Buche", die keine ist

Wir lassen den Schulgarten nun hinter uns und gehen den Schildern nach in Richtung Birkenhöhe. Aus der Krone einer mächtigen *Amerikanischen Eiche* meldet sich ein Eichelhäher, und auf der Unterseite eines Blatts einer *Stiel-Eiche* fällt uns ein kugeliges, rötlich gefärbtes Gebilde auf. Es ist ein Gallapfel, in dem sich die Larve einer Gemeinen Eichengallwespe befindet. Sie ist hier gut geschützt und hat reichlich zu fressen. Wahrscheinlich hat sich die Larve bereits verpuppt, um dann später die Eichengalle als fertig ausgebildetes Insekt zu verlassen. Beim Erklimmen der Stufen zur Birkenhöhe, mit 56 Metern die höchste Erhebung des Altonaer Volksparks, sehen wir eine ▸ **HAINBUCHE**. Wegen ihres hellen Holzes wird sie auch Weißbuche genannt. Die Hainbuche ist allerdings keine Buche, sondern gehört wie Hasel, Erle und Birke zu den Birkengewächsen. Das kann man gut am Blattrand erkennen. Der ist nämlich nicht leicht wellig wie bei der Buche, sondern doppelt gesägt. An den Zweigen der Hainbuche hängen überall Früchte. Es sind kleine, jeweils mit einem dreizipfeligen Flugorgan ausgestattete Nüsschen, die paarweise zu mehreren übereinander angeordnet sind. Fallen die einzelnen Flügelnüsse später ab, beschreiben sie eine schraubenförmige Flugbahn und können vom Wind bis zu einen Kilometer weit verfrachtet werden. Die Hainbuche lässt sich sehr gut zurechtschneiden und spielt deshalb in Gärten und Parks eine große Rolle als Hecke und Formgehölz. Das konnten wir ja eben im Schulgarten mit seinen Hecken und Heckenbögen schön sehen.

Lebensgemeinschaft mit Fliegenpilz

Bis zur S-Bahn Station Stellingen haben wir noch ein kleines Stückchen Weg vor uns. Wir genießen die urige Parklandschaft mit ihren bewaldeten Hügeln und Schluchten. Unter einer *Hänge-Birke* wächst ein Fliegenpilz. Sein leuchtend roter, weiß gepunkteter Hut ist schon von weitem zu erkennen. Der Fliegenpilz ist giftig, aber auch ein beliebtes Glückssymbol in Märchen und auf Postkarten. Mit den

Mit Birken bildet der Fliegenpilz eine Symbiose.

feinen Wurzeln der Birke bildet er eine enge Verbindung, von der beide Partner profitieren. Der Fliegenpilz liefert Wasser und Nährsalze und bekommt dafür Zucker, den die Birke durch Photosynthese erzeugt hat. Auch mit der *Fichte* kann der Fliegenpilz so eine Lebensgemeinschaft zu gegenseitigem Nutzen, Symbiose genannt, bilden. Wir sehen mehrere dieser Nadelbäume, aber keine Fliegenpilze darunter. Zwischen den Fichten entdecken wir eine ▸ **WALD-KIEFER**. Ihre Nadeln sind länger als die der Fichte und sitzen jeweils zu zweit an einem Kurztrieb. Die Wald-Kiefer ist auch nicht so hoch wie eine Fichte, und ihr Stamm besitzt eine andere Rinde. Während diese bei der Fichte eher dünnschuppig ist, besteht sie bei der Wald-Kiefer aus kleineren und größeren Platten. Die Blüten dieses Nadelbaums werden durch den Wind bestäubt. Deshalb sind sie auch recht unauffällig. Sie müssen ja keine Insekten anlocken. Auch die unzähligen Pollen sind wunderbar an diese Art der Bestäubung angepasst. Jedes Pollenkorn besitzt zwei Luftsäcke, ist deshalb besonders leicht, und der Wind kann es mehrere Kilometer weit fortwehen. Manche Schmetterlingsarten sind auf die Wald-Kiefer als Futterpflanze angewiesen, etwa der Kiefernschwärmer, der Kiefernspanner und die Nonne. In größeren Kieferbeständen können sich diese Schmetterlinge allerdings massenartig vermehren und die Bäume durch Kahlfraß stark schädigen. •

Zapfen und Habitus einer Wald-Kiefer

WALD-KIEFER
Pinus sylvestris

Familie Kieferngewächse

Höhe bis zu 40 m

Rinde grau- bis rotbraune, längsrissige Schuppenborke

Blatt lange graugrüne Nadeln zu zweit an Kurztrieb. Nadeln meist einmal um die Achse gedreht.

Blüte männliche und weibliche Blütenstände an einem Baum

Blütezeit Mai bis Juni

Frucht eikegelförmiger Zapfen (Fruchtstand)

Vorkommen Nadel- und Mischwälder, Parks, Friedhöfe

Wissenswertes Früher verwendete man Kienspäne, das waren abgespaltene Stücke des harzreichen und gut brennbaren Holzes der Wald-Kiefer als Lichtquelle. Heute ist dieser Nadelbaum als Lieferant für gutes Bau- und Möbelholz begehrt. Da die Wald-Kiefer gut mit Trockenheit zurechtkommt, wird sie mit der Klimaerwärmung weniger Probleme haben als andere Bäume.

Die Klopstock-Linde

Die Klopstock-Linde, botanisch gesehen eine **SOMMER-LINDE** (Tilia platyphyllos), ist ein geschichtsträchtiger Baum. Er steht vor der Christianskirche auf einem kleinen historischen Friedhof in Hamburg-Ottensen. Gepflanzt wurde die Klopstock-Linde um das Jahr 1805, kurz nach dem Tod des Dichters Friedrich Gottlieb Klopstock (1724–1803). Neben dem Grab ruhen auch seine erste und zweite Frau Margareta (Meta) und Johanna Elisabeth. Klopstocks Hauptwerk, das biblische Epos Der Messias, wurde zu seiner Zeit mit Begeisterung aufgenommen und verschaffte dem Dichter großes Ansehen. Klopstock gilt als Begründer der Erlebnisdichtung und herausragender Repräsentant der literarischen Epochen der Empfindsamkeit wie des Sturm und Drang und hatte somit großen Anteil an der Weiterentwicklung einer eigenständigen deutschen Literatur. Die damalige Bekanntheit des Dichters zeigte sich auch bei seiner Beerdigung im Jahre 1803. Zehntausende beteiligten sich am großen Trauerzug. Heute ist der Name Klopstock nur noch wenigen vertraut.

→ Die Klopstock-Linde ist leicht zu erreichen. Mit der S-Bahn oder dem Bus bis Altona fahren und von dort auf der Museumstraße in Richtung Rathaus Altona gehen. Auf der rechten Seite, kurz vor dem Rathaus befindet sich eine Grünfläche, auf der auch der kleine historische Friedhof mit der Christianskirche liegt.

Wie funktioniert ein Baum?

Wie bei allen Lebewesen spielt auch beim Baum Wasser eine wichtige Rolle im Stoffwechsel. Er nimmt es mit den Wurzeln auf. Doch wie gelangt Wasser zu den Blättern, wo es für die Photosynthese benötigt wird?

Der sogenannte „Transpirationsstrom" ist dafür verantwortlich, dass Wasser entgegen der Schwerkraft nach oben zu den Blättern wandern kann. Diese besitzen kleine verschließbare Öffnungen auf ihren Unterseiten, durch die bei Bedarf Wasser verdunstet. Dadurch entsteht ein Sog, der weiteres Wasser aus dem Boden zu den Blättern zieht. Die Transpiration sorgt aber nicht nur für Wassernachschub, sie schützt den Baum auch vor Überhitzung durch die Sonne. So verschafft sich ja auch der Mensch Abkühlung durch Schwitzen.

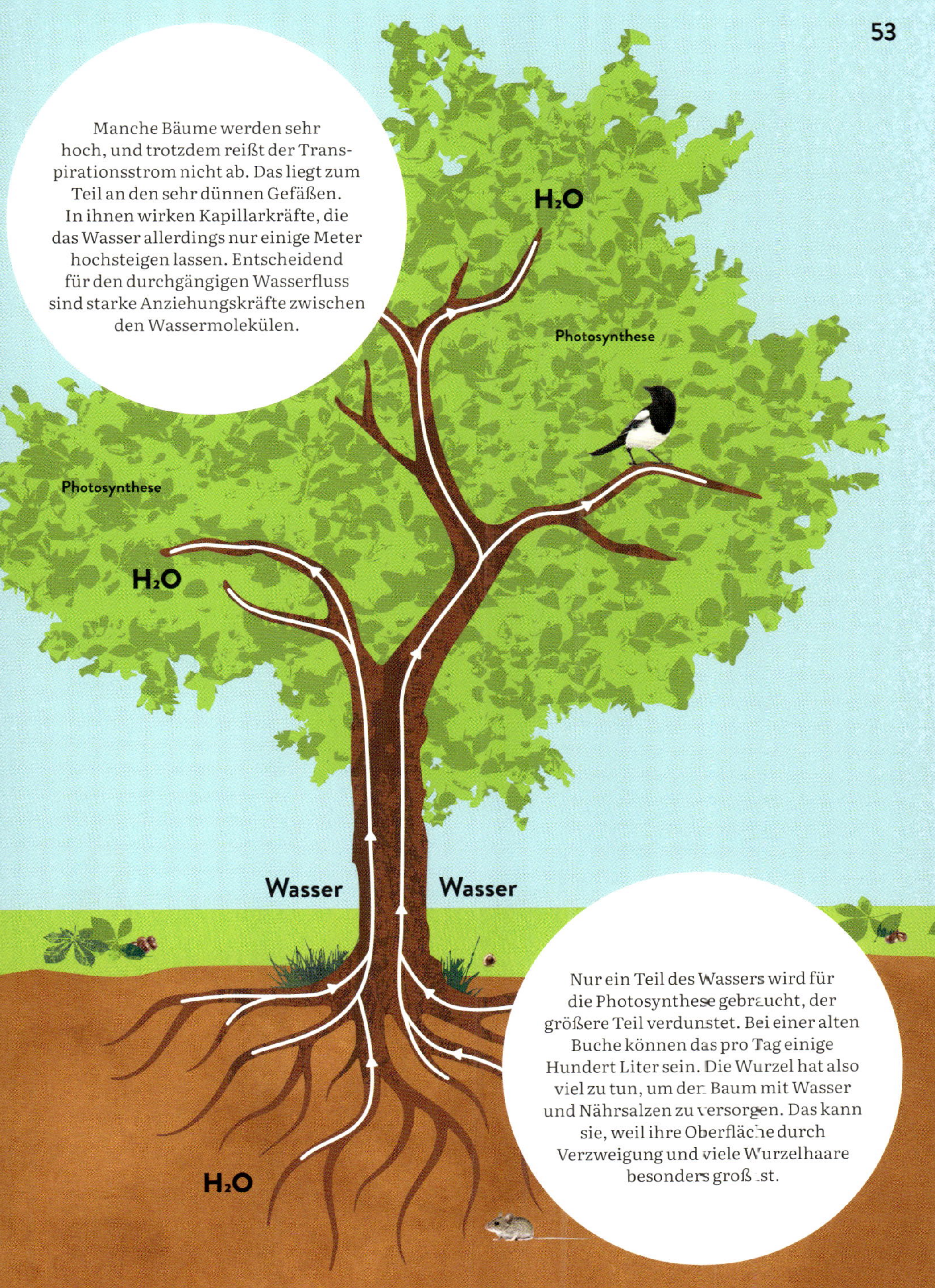
Manche Bäume werden sehr hoch, und trotzdem reißt der Transpirationsstrom nicht ab. Das liegt zum Teil an den sehr dünnen Gefäßen. In ihnen wirken Kapillarkräfte, die das Wasser allerdings nur einige Meter hochsteigen lassen. Entscheidend für den durchgängigen Wasserfluss sind starke Anziehungskräfte zwischen den Wassermolekülen.
H_2O
Photosynthese
Photosynthese
H_2O
Wasser
Wasser
Nur ein Teil des Wassers wird für die Photosynthese gebraucht, der größere Teil verdunstet. Bei einer alten Buche können das pro Tag einige Hundert Liter sein. Die Wurzel hat also viel zu tun, um den Baum mit Wasser und Nährsalzen zu versorgen. Das kann sie, weil ihre Oberfläche durch Verzweigung und viele Wurzelhaare besonders groß ist.
H_2O

Planten un Blomen 4

Mit Planten un Blomen haben sich die Hamburger eine grüne Oase mitten im Herzen der Stadt geschaffen. Der Name dieser abwechslungsreichen Parkanlage ist Plattdeutsch und bedeutet ins Hochdeutsche übersetzt „Pflanzen und Blumen".

ANFAHRT

Der in Hamburgs City gelegene Park Planten un Blomen ist gut mit öffentlichen Verkehrsmitteln zu erreichen.
Eingang am Dammtor:
U-Bahn (U1) bis Stephansplatz, S-Bahn (S11, S21, S31) bis Dammtor (Messe/CCH).
Eingang am Fernsehturm:
U-Bahn (U3) bis Sternschanze. Von dort noch ein kurzer Fußweg.

ÖFFNUNGSZEITEN

Januar bis März: 7–20 Uhr
April: 7–22 Uhr
Mai bis September: 7–23 uhr
Oktober bis Dezember: 7–20 Uhr

INFO

www.plantenunblomen.de

SONSTIGES

- Fahrräder an den Eingängen abstellen oder schieben.
- Führungen mit pflanzenkundlichem Schwerpunkt finden zu verschiedenen Terminen statt.

Planten un Blomen hat eine wechselvolle Vergangenheit hinter sich. Im Verlaufe mehrerer Internationaler Gartenbau-Ausstellungen wurde das Gelände immer wieder umgebaut und die Pflanzenwelt verändert. Den ersten Baum, eine Ahornblättrige Platane, pflanzte der damalige Gymnasial-Professor Johann Georg Christian Lehmann im Jahr 1821 in der Nähe des Dammtor-Bahnhofs. Diese sogenannte „Lehmann-Platane" hat sich mittlerweile zu einem mächtigen Baum mit einem Stammumfang von über sechs Metern entwickelt. Lehmann war auch Begründer und erster Direktor des Alten Botanischen Gartens im Zentrum der Parkanlage. Dieser zog im Jahre 1979 wegen Platzmangels und schlechter Luft in den Hamburger Westen nach Klein Flottbek. Auf dem Gelände des Alten Botanischen Gartens finden sich heute die im Jahr 1963 im Rahmen einer Internationalen Gartenbau-Ausstellung geschaffenen Schaugewächshäuser und die Mittelmeerterrassen, die wegen ihrer nach Süden ausgerichteten Lage zu den wärmsten Orten Hamburgs zählen. Auch der Japanische Landschaftsgarten, der im Jahr 1988 angelegt wurde, liegt zum großen Teil auf dem Gelände des Alten Botanischen Gartens.

Spannende Natur im Jahresverlauf

Planten un Blomen macht seinem Namen alle Ehre, denn dieses kleine Paradies mitten in Hamburg erfreut das Auge des Besuchers mit vielen schönen Pflanzen und Blumen, darunter auch zahlreiche interessante einheimische und exotische Bäume und Sträucher. Ein Spaziergang lohnt sich zu allen Jahreszeiten. Im Frühjahr bringen Frühblüher wie Märzenbecher und Winterling die ersten zarten Farbtupfer in den ansonsten noch wenig bunten Park. Auch die ersten Sträucher und Bäume beginnen zu blühen, die Kornelkirsche bereits Ende Februar, der Spitz-Ahorn, die Stiel-Eiche und andere Bäume dann ab April. Im Sommer kann sich der Spaziergänger nicht sattsehen an der Farbenpracht der unterschiedlichsten Gewächse. So blühen in den Beeten Taglilien und Gladiolen und auf den Wasserflächen prächtige Seerosen. Robinie, Trompetenbaum und viele andere Bäume zeigen ihre schönen Blüten. Auch im Herbst hat die Natur in Planten un Blomen einiges zu bieten. Da sind etwa die zahlreichen blauen und lilafarbenen Astern oder die leuchtend roten und gelben Laubblätter von Ahorn und

BÄUME AUF DER STRECKE

- Maulbeerbaum
- Mammutbaum
- Erle
- Birnbaum
- **Taschentuchbaum**
- Sumpfzypressen
- Japanische Zierkirsche
- Magnolie
- Gleditschie
- **Ahornblättrige Platane**
- Schwarz-Kiefer
- Trauer-Buche
- **Kaukasische Flügelnuss**
- Pyramiden-Pappel/ Schwarz-Pappel
- Araukarie
- Schneeglöckchenbaum
- Schlitzblättrige Buche
- **Sumpfzypresse**
- Ginkgobaum
- Schwarznuss
- **Judasbaum**
- Robinie
- Esskastanie
- **Kornelkirsche**
- Eisenholzbaum
- Trompetenbaum

Im Japanischen Landschaftsgarten

Ginkgo. Kastanien, Hagebutten und andere Früchte haben jetzt Hochsaison. Wenn es dem Parkbesucher in der kalten Jahreszeit draußen zu ungemütlich wird, kann er sich in den großen Schaugewächshäusern aufwärmen und so ganz nebenbei einiges über tropische und subtropische Pflanzen erfahren. So lernt er dort etwa, dass sich die Früchte des Kakaobaums direkt an seinem Stamm entwickeln oder dass manche Farne so groß wie Bäume werden können und deshalb auch „Baumfarne“ heißen.

Wo weiße Täubchen rasten

An einem sonnigen Frühlingstag betreten wir das Parkgelände am Eingang direkt gegenüber der U-Bahn-Station Stephansplatz. Vor uns plätschert ein kleiner Bach, in dem verschiedene Felsbrocken liegen. Er ist Teil des Japanischen Landschaftsgartens, der von dem Landschaftsarchitekten Yoshikuni Araki entworfen und im Jahr 1988 hier an zentraler Stelle nach dem Vorbild klassischer japanischer Gärten angelegt wurde. Wasser, Felsen und Pflanzen stellen ein verkleinertes Abbild der Natur dar. So symbolisieren die Felsbrocken beispielsweise Berge. Ein großer Baum links des Wasserlaufs fällt uns auf: ein aus China stammender *Maulbeerbaum*. Seine Blätter sind Nahrung für Seidenraupen. Sie spinnen mit ihren langen Spinnfäden Kokons, aus denen sich Seide gewinnen lässt. Jetzt geht es weiter nach rechts. Am Wege entdecken wir die dicken Stämme mächtiger *Mammutbäume*. Ihre Heimat ist der Norden Amerikas. Vorbei an einer riesigen *Erle* und einem großen *Birnbaum*, den wir an seiner kleinfeldrig-schuppigen Rinde erkennen, gelangen wir an einen etwa sechs Meter hohen Baum, in dem sich viele weiße „Taschentücher“ sanft in der milden Frühlingsluft zu bewegen scheinen. Er heißt deshalb im Deutschen auch ▸ **TASCHENTUCHBAUM.** Diese fotogene, aus China stammende Pflanze ist eine Zierde so mancher Hamburger Parks und Gärten. Ein französischer Missionar und Pflanzensammler brachte Samen dieser Pflanze im Jahr 1897 nach Europa. Es sind natürlich keine Taschentücher, die von den Zweigen herabhängen, sondern sogenannte Hochblätter, die die kugeligen Blütenstände des Taschentuchbaums schützend umgeben und Insekten zur Bestäubung anlocken sollen. Eine andere deutsche Bezeichnung dieses attraktiven Gewächses ist

Taschentuchbaum voller „Taschentücher“

TASCHENTUCHBAUM
Davidia involucrata

Familie Tupelogewächse

Höhe bis zu 12 m

Rinde graubraune Schuppenborke

Blatt breit eiförmig bis herzförmig mit gesägtem Blattrand, ähnelt einem Lindenblatt

Blüte kugelige rotbraune Blütenstände, die rückseitig von zwei rahmweißen, verschieden langen Hochblättern umgeben sind

Blütezeit Mai bis Juni

Frucht elliptische Steinfrucht

Vorkommen Gärten und Parks

Wissenswertes Der Taschentuchbaum stammt aus Westchina. Im Herbst zeigen seine Laubblätter leuchtend goldgelbe und orangefarbene Farbtöne.

„Taubenbaum“, weil es aus der Ferne so aussieht, als hätten sich weiße Täubchen auf ihm zur Rast niedergelassen.

Nach einigen weiteren Schritten sehen wir auf der rechten Seite des Wegs am Rand von künstlichen Wasserbecken die kegelförmigen Kronen mehrerer *Sumpfzypressen*. Wie ihr Name schon sagt, lieben diese Bäume feuchte Böden. Jetzt verlassen wir unseren Weg und gehen nach links ein wenig im Japanischen Landschaftsgarten spazieren. Hier entspannen wir uns auf verschlungenen Pfaden zwischen Felsen, entlang von Wasserläufen und stillen Teichen. Hier blüht eine *Japanische Zierkirsche*, dort eine *Magnolie*. Unser Blick fällt nun auf den ungewöhnlich aussehenden Stamm eines großen Baums. Auf seiner grauen Rinde, die mit vielen Längsrissen versehen ist, sitzen zahlreiche Büschel langer spitzer Dornen. Es ist eine *Gleditschie*. Dieser aus Nordamerika stammende Baum gelangte bereits um 1700 herum nach Europa und ist gut an das Leben in der Stadt angepasst. Die Gleditschie verträgt nämlich Auspuffgase und Streusalz recht gut.

Der erste Baum im Park

Zurück auf unserem Hauptweg sehen wir vor uns einen Baum mit gewaltiger Krone, eine ▸ **AHORNBLÄTTRIGE PLATANE**. Seine Blätter ähneln denen des Spitz-Ahorns.

AHORNBLÄTTRIGE PLATANE
Platanus x hispanica

Familie Platanengewächse

Höhe bis zu 35 m

Rinde sich in kleinen und größeren Platten ablösende Plattenborke

Blatt besteht aus drei bis fünf großen Lappen

Blüte unscheinbare, kugelige Blütenstände

Blütezeit Mai

Frucht kugelige Fruchtstände

Vorkommen Parks, Friedhöfe, große Gärten, an Straßen

Wissenswertes Die wahrscheinlich höchste und dickste Ahornblättrige Platane Hamburgs steht am Mittelweg 185 im Stadtteil Rotherbaum. Diese sogenannte „Fontenay-Platane" soll vor über 200 Jahren von dem damaligen Grundstückseigentümer John Fontenay gepflanzt worden sein. Der Baum hat eine Höhe von dreißig Metern und einen Stammumfang von über 6,5 Metern.

Plattenborke und kugelige Fruchtstände der „Lehmann-Platane"

Als sogenannte „Lehmann-Platane" ist er als erster Baum Planten un Blomens eine besondere dendrologische Attraktion des Parks. Gepflanzt wurde er im Jahr 1821 von dem Gymnasial-Professor Johann Georg Christian Lehmann. Der knorrige Stamm der Lehmann-Platane sieht, wie bei Platanen üblich, ganz gescheckt aus. Der Grund: Die Rinde hat sich an vielen Stellen in kleinen oder größeren Stücken abgelöst. Schauen wir nach oben in die Krone, entdecken wir einen Buchfinken, der gerade sein Frühlingslied schmettert. Außerdem sehen wir hier und da stachelige Kugeln an den Zweigen hängen. Das sind noch die Fruchtstände des Baums aus dem letzten Jahr. Jetzt blüht er. Doch die unscheinbaren Blüten sind nur schwer zu erkennen.

Wir verlassen nun den Japanischen Landschaftsgarten, gehen einige Schritte durch eine kleinere, im Rahmen der CCH-Modernisierung neu geschaffene Parkfläche und spazieren dann nach links in Richtung eines weiteren Japanischen Gartens. Er wurde ebenfalls vom japanischen Landschaftsarchitekten Yoshikuni Araki entworfen und ist der größte seiner Art in Europa. Sein optischer Mittelpunkt ist das an einem See gelegene und sich in ihm spiegelnde reetgedeckte Teehaus. Dort werden in den Sommermonaten Teezeremonien zelebriert. Der Japanische Garten strahlt mit seiner strengen Gestaltung eine meditative Ruhe aus. Rhododendren und Azaleen blühen in unterschiedlichen

Farben. Besonders fallen uns die von Gärtnern in eine charakteristische Form gebrachten *Schwarz-Kiefern* auf. Die dicken, an den Enden verzweigten Seitenäste sind in mehreren Stockwerken angeordnet. Dieser Formschnitt soll den Nadelbäumen ein Aussehen verleihen, wie es in der Natur nach starken Winden entsteht. Jetzt freuen wir uns über das wunderbare Blütenmeer der Glyzinie. Diese verholzende Kletterpflanze rankt sich entlang eines langen stabilen Gerüsts aus runden Holzbalken. Wegen ihrer herabhängenden, mit zahlreichen blauen Blüten besetzten traubenförmigen Blütenstände wird die Glyzinie auch Blauregen genannt.

Elefantenkopf-Nüsschen

Wir passieren nun eine riesige *Trauer-Buche*, halten uns dann rechts und gelangen schließlich wieder zum Hauptweg zurück. Dort steht rechts ein imposanter Baum mit breit ausladender Krone. Es ist eine ▸ **KAUKASISCHE FLÜGELNUSS**. Besonders auffallend sind seine vielen Stämme. Dieses Exemplar besitzt neun davon. Vielstämmigkeit ist bei dieser aus dem Kaukasus und dem nördlichen Iran stammenden Baumart keine Seltenheit. Wegen ihres dekorativen Anblicks wird die Kaukasische Flügelnuss gern in Parks gepflanzt. Ihre langen, gefiederten Blätter zeigen jetzt im Frühling einen frischen Grünton. Im Herbst bestechen sie mit ihrem glänzenden Gelb. Über-

Langer Fruchtstand einer vielstämmigen Kaukasischen Flügelnuss

KAUKASISCHE FLÜGELNUSS
Pterocarya fraxinifolia

Familie Walnussgewächse

Höhe bis zu 30 m

Rinde schwarzgraue, längs hellgefurchte Borke

Blatt Jedes der langen gefiederten Blätter besteht aus bis zu 21 gegenständig angeordneten Blättchen.

Blüte männliche und weibliche Blütenstände (grüne Kätzchen) auf einem Baum

Blütezeit Mai

Frucht lange Fruchtstände, die aus kleinen, jeweils von einem grünlich-weißen Flügel umgebenen Nüssen bestehen

Vorkommen Parks, Friedhöfe, große Gärten, manchmal an Straßen

Wissenswertes Die Kaukasische Flügelnuss ist gut an das Stadtklima angepasst. Trockenheit und Hitze machen ihr nur wenig aus. Besonders in Parks mit freien Flächen kann sich die Kaukasische Flügelnuss gut entfalten. Sie braucht nämlich viel Platz, weil sie zahlreiche Wurzelsprosse bildet, die zu weiteren Bäumen auswachsen können.

all am Baum sehen wir lange grüne Kätzchen. Es sind die männlichen und weiblichen Blütenstände. Die weiblichen werden später noch länger, und aus ihren zahlreichen Blüten entwickeln sich dann Früchte, das sind kleine Nüsse, die jeweils von einem grünlich-weißen Flügel umgeben sind. Schauen wir uns so ein Nüsschen mal von oben an, erinnert sein Aussehen ein wenig an die Frontalansicht eines Elefantenkopfs. Die Fruchtstände der Kaukasischen Flügelnuss können bis zu einem halben Meter lang werden. Sie bleiben den Winter über am Baum hängen.

Seltene Schneeglöckchenbäume

Jetzt halten wir uns links und stehen nach einigen Schritten vor den mächtigen Stämmen von *Pyramiden-Pappeln*. Genau genommen sind es *Schwarz-Pappeln* in Pyramidenform. Die normale Schwarz-Pappel ist in Deutschland schon sehr selten geworden. Die graue Rinde unserer beeindruckenden Baumgestalten ist längsgefurcht und hat tiefe Risse. Schauen wir nach oben, scheinen die Pyramiden-Pappeln kein Ende nehmen zu wollen. Sie sind über dreißig Meter hoch. Weiter geht es am Rosengarten vorbei. Hier blühen im Sommer neben Teehybriden, Kletterrosen und anderen wunderschönen Sorten auch viele andere Pflanzen wie etwa Margeriten, Phlox und Lavendel. Unser kleiner Baumspaziergang geht jetzt links vor dem Musikpavillon weiter. Rechter Hand wachsen viele Bäume. Wir entdecken auch eine *Araukarie*. Dieser Nadelbaum stammt aus den Anden Chiles. Seine spiralig angeordneten dreieckigen Blätter sind sehr hart und an ihren Enden so spitz, dass sie ganz schön piksen. Machen wir einen kleinen Abstecher nach rechts, fallen uns weißblühende Bäumchen mit dünnen Stämmen auf. Ihre glockenförmigen Blüten sind wie an einer Schnur aufgereiht. Heimat der *Schneeglöckchenbäume*, so heißen sie nämlich, ist der Süden der USA. Bei uns gibt es sie nicht so häufig zu sehen.

Araucarie (oben) und Blütenglocken des Schneeglöckchenbaums

Jetzt gehen wir an einer Sonnenuhr vorbei und schauen rechts auf einen Baum, der von einem Schutzzaun umgeben ist. Es ist eine Buche, deren Blätter sich aber von denen einer Rot-Buche unterscheiden. Sie sind ungleichmäßig geschlitzt, was dem Baum seinen Namen eingetragen hat: *Schlitzblättrige Buche*.

Benadelte Kurztriebe und „Atemknie" einer Sumpfzypresse

Atmen mit dem Knie

Einige Schritte weiter gelangen wir an die alten Wasserkaskaden. Hier, am Uferbereich, wachsen mehrere ▸ **SUMPFZYPRESSEN**. Heimat dieser Nadelbäume ist der Südosten Nordamerikas. Bereits im Jahr 1640 gelangten einzelne Exemplare dieser Art nach Europa, wo sie seitdem beliebte Parkpflanzen geworden sind. In ihrer Heimat bevorzugen Sumpfzypressen Sümpfe, Flussufer und küstennahe Standorte, die zeitweise auch überflutet sein können. Damit die im Wasser stehenden Wurzeln mit Sauerstoff versorgt werden, bilden die Sumpfzypressen Atemwurzeln, die bis zu einem halben Meter aus dem Erdboden ragen können. Auch hier, am feuchten Ufer der alten Wasserkaskaden, haben einige Sumpfzypressen diese (auch „Atemknie" genannten) Atemwurzeln ausgebildet. Sumpfzypressen gedeihen allerdings auch an trockeneren Standorten. Dort brauchen sie dann aber keine Atemwurzeln mehr. Die kegelförmigen Kronen unserer Bäume sind noch relativ kahl. Ihre Nadeln hatten sie mitsamt den Kurztrieben, an denen sie hingen, im vorigen Herbst abgeworfen. Erst ab Juni sorgen neue benadelte Kurztriebe für frisches Grün.

Weiter geht's. Am südlichen Teil des Parksees wächst ein *Ginkgobaum*. Im Herbst erfreut er den Parkbesucher mit seinen goldgelb verfärbten Blättern, die später um ihn

SUMPFZYPRESSE
Taxodium distichum

Familie Sumpfzypressengewächse

Höhe bis zu 40 m

Rinde rot- bis graubraune, längsgestreifte Borke

Blatt weiche, hellgrüne Nadeln an Kurztrieben

Blüte Die männlichen Blütenstände an den Zweigspitzen können bis zu zehn Zentimeter lang werden.

Blütezeit März bis April

Zapfen kugelförmig

Vorkommen Parks, Friedhöfe, große Gärten

Wissenswertes Die Sumpfzypresse kann mit dem Urwelt-Mammutbaum verwechselt werden. Wichtiger Unterschied: Bei der Sumpfzypresse sind die Nadeln wechselständig angeordnet, beim Urwelt-Mammutbaum gegenständig. Der Sumpfzypresse macht Luftverschmutzung nur wenig aus. Außerdem ist sie resistent gegenüber Krankheiten und Schädlingen.

herum auf der Wiese liegen. Nun spazieren wir entlang der alten Wasserkaskaden in Richtung des Tropengartens. Auf der gegenüberliegenden Seite steht ein Graureiher am Rande der bunten Blumenbeete direkt am Wasser. Er hat es auf die Goldfische abgesehen. Da! Jetzt hat er einen erwischt. Wir entdecken auf der anderen Seite hinter den Blumenbeeten auch wieder einen blühenden *Taschentuchbaum*. Er ist viel höher als das Exemplar zu Beginn unserer kleinen Baumwanderung. Nicht weit vom Taschentuchbaum entfernt wächst ein großer Baum mit breiter Krone. Es ist eine *Schwarznuss*, ein Walnussgewächs, das aus dem Osten Nordamerikas stammt. Im Herbst können wir seine kugeligen grünen Früchte am Boden finden. Sie verrotten aber schnell und werden dann schwarz und matschig. Der Steinkern im Inneren der Schwarznuss ist ziemlich hart. Doch Eichhörnchen haben kein Problem, ihn zu knacken und so an den leckeren Samen zu gelangen.

Benannt nach christlicher Legende

Jetzt erreichen wir den Tropengarten und halten hier noch ein bisschen Ausschau nach weiteren interessanten Bäumen. Gleich links hinter dem Eiscafé wächst vor einer hellen Mauer gut geschützt ein kleiner mehrstämmiger ▸ **JUDASBAUM**. Die etwas sparrig verzweigte Pflanze ist gerade voller rosafarbener Blüten. Wir finden sogar noch einige der langen Fruchthülsen aus dem vorigen Jahr. Die Blüten des

Blick auf den Wallgraben

Stamm und Zweige des Judasbaums mit Blüten

JUDASBAUM
Cercis siliquastrum

Familie Hülsenfrüchtler

Höhe bis zu 12 m

Rinde fein gefelderte, dunkel- bis rotbraune Borke

Blatt herz- oder nierenförmig

Blüte Die rosafarbenen Blüten sitzen in kleinen Trauben an den Trieben und auch an älteren Teilen des Stamms.

Blütezeit Mai

Frucht braune, abgeflachte Hülsen

Vorkommen als Ziergehölz in manchen Parks und Gärten

Wissenswertes Die Blüten des Judasbaums erscheinen noch vor dem Austrieb der Blätter. Es gibt auch verschiedene Zuchtformen, etwa mit weißen, dunkelrosa und dunkelroten Blüten. Das sehr harte Holz des Judasbaums hat eine schöne Maserung und findet manchmal Verwendung als Furnierholz.

Judasbaums sitzen nicht nur an den Trieben und Zweigen, manche sprießen in kleinen Büscheln sogar direkt aus den Stämmen. Dieses bei uns seltene Phänomen der Stammblütigkeit bezeichnen Botaniker als „Cauliflorie". Es kommt vor allem in den Tropen vor. Heimat des wärmeliebenden Judasbaums sind die Mittelmeerländer und Westasien. Dort kann er auch ziemlich groß werden und sogar als Straßenbaum Verwendung finden. Nach einer alten Legende soll der Judasbaum seinen Namen von „Judas Iskariot" erhalten haben, der sich an ihm erhängte, nachdem er Jesus an die Römer verraten hatte.

Sauer macht lustig

Hinter dem Eiscafé entdecken wir noch eine weitere *Kaukasische Flügelnuss*. Ein Eichhörnchen zeigt hier gerade seine Kletterkünste. An Wasserbecken vorbei, auf denen Sumpf-Schwertlilien und gelbe Teichrosen blühen, gelangen wir wieder auf den Weg vor dem Eiscafé. Hier verströmen die weißen Blüten einer *Robinie* einen so starken Duft, dass viele Bienen kommen, um Nektar zu sammeln. Das Ergebnis ist ein wohlschmeckender Honig, der bekannte „Akazienhonig". Ein Stückchen weiter wächst eine *Esskastanie*. Ihre Früchte, die Maronen, kommen erst später. Wegen ihres hohen Stärkegehalts galten sie früher als „Brot der armen Leute". Heute sind Maronen eine Deli-

KORNELKIRSCHE
Cornus mas

Familie Hartriegelgewächse

Höhe bis zu 5 m

Rinde graubraune Schuppenborke

Blatt eiförmig-elliptisch mit glattem Rand

Blüte kugelige Dolden aus vierzähligen gelben Blüten

Blütezeit März bis April

Frucht ovale, glänzend rote Steinfrüchte

Vorkommen lichte Wälder, Hecken, Gärten, Parks und Friedhöfe

Wissenswertes Wer die süßsäuerlich schmeckenden und sehr Vitamin-C-haltigen Früchte der Kornelkirsche roh nicht mag, kann sie unter Zugabe von Zucker zu Marmelade, Kompott oder Fruchtsaft verarbeiten. Das Holz der Kornelkirsche ist besonders hart.

Die sauren Steinfrüchte der Kornelkirsche

Frühblühende Zweige der Kornelkirsche

katesse für Feinschmecker. Langsam wollen wir uns jetzt in Richtung Ausgang Fernsehturm bewegen, doch wir machen vorher noch einen kleinen Abstecher nach rechts zu einer ▸ **KORNELKIRSCHE**. Sie ist prächtig gewachsen und fast schon ein kleiner Baum. Leider blüht die Kornelkirsche nicht mehr. Sie ist mit der Hasel der am frühesten blühende heimische Wildstrauch. Ihre kleinen goldgelben Blüten, die leicht nach Honig duften, erscheinen bereits Ende Februar. Das freut besonders Bienen und Schmetterlinge wie den Zitronenfalter, finden sie doch hier ihren ersten Nektar nach dem langen Winter. Im Spätsommer ist die Kornelkirsche wieder für andere Tiere interessant. Sie trägt dann nämlich ihre länglichen, glänzend roten Steinfrüchte, die von Vogelarten wie Kernbeißer und Gimpel, aber auch von Säugern wie Haselmaus und Siebenschläfer gern gefressen werden. Auch wir können die Steinfrüchte ruhig mal probieren. Sie schmecken allerdings ziemlich sauer. Aber wie sagt schon das bekannte Sprichwort? „Sauer macht lustig".

Rechts neben den Stufen, die zum Ausgang führen, entdecken wir noch einen *Eisenholzbaum*, in Anlehnung an den botanischen Namen auch „Parrotie" genannt. Er stammt aus Vorderasien und besitzt ein sehr hartes und schweres Holz. Zum Ende des kleinen Baumspaziergangs durch Planten un Blomen verabschiedet uns noch ein stattlicher *Trompetenbaum*, geschmückt mit vielen weißen Blüten. •

Die Fontenay-Platane

Die höchste und dickste **AHORNBLÄTTRIGE PLATANE** (*Platanus x hispanica*) Hamburgs steht im Stadtteil Rotherbaum im Hintergarten des klassizistischen Gartenhauses Fontenay am Mittelweg 185. Diese sogenannte „Fontenay-Platane" soll vor über 200 Jahren vom damaligen Grundstückseigentümer, dem Schiffsmakler, Reeder und Kaufmann John Fontenay, gepflanzt worden sein. Der beeindruckende Baum hat mittlerweile eine Höhe von dreißig Metern und einen Stammumfang von 6,5 Metern. Da er schon ziemlich alt ist, wird er von Hamburger Baumpflegern in regelmäßigen Abständen auf seine Standsicherheit überprüft. So bestimmen diese beispielsweise mit einer Schalltomografie den Grad der Aushöhlung des unteren Stammbereichs und mit einem Zugversuch die Widerstandskaft der großen Platane gegen Stürme. Bisher hat sie allen Wetterkapriolen getrotzt und ist bruch- und standsicher.

➜ Zur Fontenay-Platane gelangt man am besten vom Bahnhof Dammtor aus. Den Mittelweg einige Minuten auf der rechten Seite entlang, dann rechts in die schmale Straße Klein Fontenay. Nach ein paar Schritten wieder nach rechts auf einen kleinen Parkplatz. Dort steht die mächtige Platane hinten auf der rechten Seite.

Hamburgs Straßenbäume

Ob die alte Eiche an der Stadionstraße, die prächtige Kastanie am Mittelweg oder die Reihe jüngerer Linden am Ballindamm: Neben den vielen Parks und Naturschutzgebieten haben auch Hamburgs Straßenbäume ihren Anteil am grünen Image der Elbmetropole. Und es gibt nicht wenige von ihnen. Über 225 000 Exemplare wachsen an den Rändern der – oft vielbefahrenen – Straßen. Fast die Hälfte davon sind Eichen und Linden. Bei den Eichen handelt es sich in den meisten Fällen um Stiel-Eichen, bei den Linden um Holländische Linden. Das sind Kreuzungen zwischen Sommer- und Winterlinden. Außer den Eichen und Linden wachsen aber auch noch viele andere Arten an Hamburgs Straßen. Häufiger begegnet man dem Spitz-Ahorn, der Hainbuche und der Ahornblättrigen Platane. Die Hänge-Birke und der Berg-Ahorn sind da schon seltener.

Hamburgs Straßenbäume machen das Stadtbild nicht nur freundlicher, sie sorgen auch für bessere Luft. Das geschieht auf verschiedene Weise. So produzieren die Bäume durch ihre Photosynthese lebenswichtigen Sauerstoff. Gleichzeitig verbrauchen sie dabei Kohlendioxid, das ja mitverantwortlich für die Klimaerwärmung ist. Gerade im Sommer, wenn der Treibhauseffekt für immer häufigere und längere Hitze- und Trockenperioden sorgt, sind die vielen Bäume an den Straßen als natürliche Klimaanlagen unverzichtbar. Sie kühlen und befeuchten die aufgeheizte Luft, indem sie über ihr Blattwerk Wasser verdunsten. Außerdem spenden die Bäume wohltuenden Schatten und verhindern dadurch, dass sich Straßen, Gehwege und Häuser zu stark aufheizen. Gerade an vielbefahrenen Straßen sind Bäume auch deshalb so wichtig, weil sie Schadstoffe aus der Luft filtern und außerdem den Verkehrslärm mindern.

Bäume, die an Hamburgs Straßen wachsen, sind erheblichen Belastungen ausgesetzt. Giftige Autoabgase und winterliches Streusalz machen ihnen zu schaffen. Auch können sie ihre Wurzeln oft nicht voll entfalten. Außerdem bekommen diese zu wenig Regenwasser ab, da die Böden zum großen Teil mit Asphalt und Beton versiegelt sind. Die Versiegelung hat zudem zur Folge, dass sich die Straßen und Fußwege an heißen Sommertagen besonders stark aufheizen, was den Bäumen natürlich überhaupt nicht guttut. Eine weitere Belastung für die Bäume an Straßen sind Verletzungen durch Baumaßnahmen oder ungeschickt einparkende Autofahrer. All diese Stressfaktoren reduzieren die Vitalität der Straßenbäume und sind dafür verantwortlich, dass sie meist nicht so alt werden wie die Bäume in den Parks oder Naturschutzgebieten.

Die extremen Standortbedingungen lassen die Bäume am Straßenrand auch besonders anfällig für Schädlingsbefall werden. Da sie auf öffentlichem Grund stehen, werden sie deshalb zum Schutz der Fußgänger und Autofahrer regelmäßig kontrolliert. Ist ein Straßenbaum beispielsweise von holzschädigenden Pilzen zerfressen und nicht mehr standsicher, muss er gefällt werden. Leider hinterlässt der gefällte Baum dann eine große Lücke, die nicht immer durch einen neuen Baum geschlossen wird. Kommt es doch zur Pflanzung eines Ersatzbaums, braucht dieser noch Jahrzehnte, bis er wie sein Vorgänger helfen kann, die Luft an den Straßen zu verbessern.

Hamburger, die Genaueres über die Bäume an ihrer Straße wissen möchten, können sich leicht in einem Online-Straßenbaumkataster informieren. Sie geben den Namen der Straße ein, klicken auf das entsprechende Baumsymbol und erfahren dann Wissenswertes über den jeweiligen Baum, etwa seine Art, seinen Stammumfang oder das Jahr seiner Pflanzung. Wer beispielsweise im Albertiweg in Altona wohnt, kann bei Nutzung des Katasters herausfinden, dass an seiner Straße eine Stiel-Eiche steht, die bereits im Jahre 1720 gepflanzt wurde. Damit ist sie über 300 Jahre alt und einer der beiden ältesten Straßenbäume Hamburgs. Der andere, ebenfalls eine Stiel-Eiche, steht an der Cuxhavener Straße in Harburg.

Eppendorfer Moor 5

Das Eppendorfer Moor ist mit einer Fläche von 26 Hektar das größte innerstädtische Moor Europas. Es besteht aus einem kleinen Rest der nach der letzten Eiszeit auf der Terrassenkante des Alsterlaufs entstandenen ausgedehnten Moorflächen. In seinem Zentrum befindet sich ein Niedermoorbereich, der von Bruchwald, Mischwald und Laubwald umgeben ist.

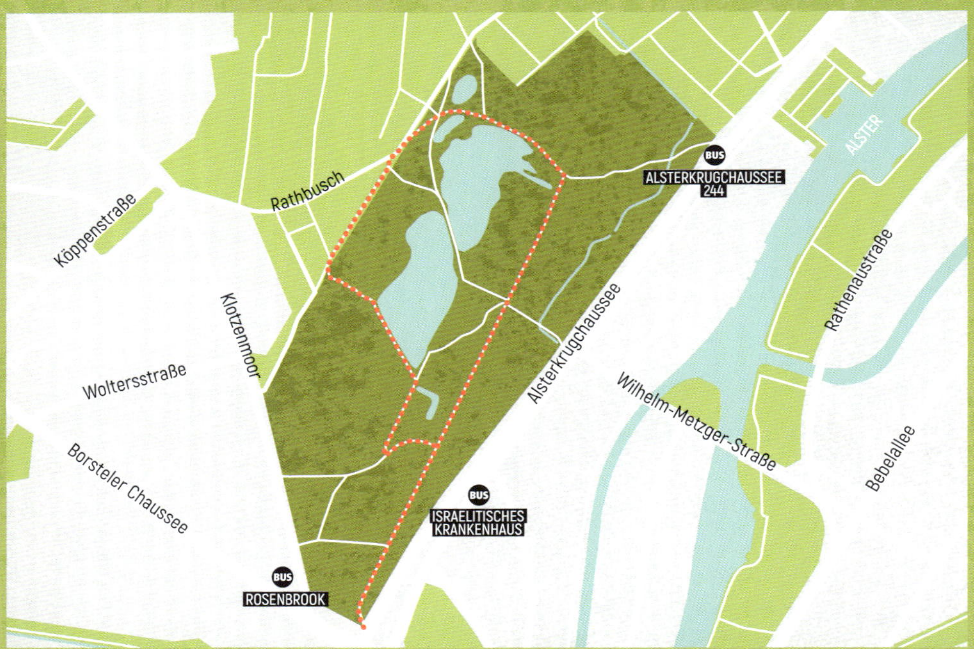

ANFAHRT

Das Naturschutzgebiet Eppendorfer Moor liegt recht zentrumsnah im Stadtteil Groß Borstel. U-Bahn (U1) bis Lattenkamp. Von dort mit der Buslinie 114 bis Rosenbrook oder mit der Buslinie 292 bis Alsterkrugchaussee 244.

INFO

- Im Frühjahr veranstaltet der NABU vogelkundliche Kurzwanderungen, auf denen sicher auch auf den einen oder anderen Baum oder Strauch eingegangen werden kann. In Moor-Aktionswochen bietet er Vorträge und Exkursionen an. Information: www.hamburg.nabu.de, Telefon (040) 6970890.
- Von drei Aussichtskanzeln rund um den großen Moorteich hat man gute Einblicke in den zentralen Bereich des Naturschutzgebiets.

Nicht erst heute ist das Naturschutzgebiet Eppendorfer Moor dem Einfluss des Menschen ausgesetzt: Umweltgifte, Verkehrslärm, Nutzung als Erholungs- und Freizeitgebiet. Schon im Mittelalter wurden im Rahmen zunehmender Urbanisierung biologisch wertvolle Flächen zur Bebauung oder zur landwirtschaftlichen Nutzung entwässert und abgetorft. 1948 bis 1950 wurde aufgeforstet und später bei der Kanalisierung der Alster und dem Ausbau der Alsterkrugchaussee das Grundwasser abgesenkt. Dadurch verschwanden viele Licht und Feuchtigkeit liebende Pflanzen. Weil es sehr klein und großenteils von vielbefahrenen Straßen und dicht bebauten Wohngebieten umgeben ist, lässt sich der ursprüngliche Zustand des Eppendorfer Moores nicht wiederherstellen. Der Naturschutz konzentriert sich deshalb auf den Erhalt der heutigen Biotope.

BÄUME UND STRÄUCHER AUF DER STRECKE

- Ahorn
- Buche
- Linde
- Pappel
- **Moor-Birke**
- Hänge-Birke
- Haselstrauch
- Hartriegel
- Holunder
- **Eberesche**
- Grau-Weide
- **Schwarz-Erle**
- **Faulbaum**
- **Eingriffeliger Weißdorn**

Verwunschene Moorlandschaft im Frühling

Eine kleine verwunschene Moorlandschaft mit vielen Pflanzen und Tieren, nicht weit vom Zentrum der Millionenstadt Hamburg entfernt: Das ist schon etwas Besonderes. Das Eppendorfer Moor lohnt das ganze Jahr über einen Besuch. Besonders schön ist es im Frühling. Dann singen die Vögel um die Wette, Sumpf- und Hänge-Birke lassen ihre zartgrünen Blätter sprießen, und Eberesche und Weißdorn tragen ihr weißes Blütenkleid. Vor dem Zweiten Weltkrieg, als das Eppendorfer Moor noch nicht mit Bäumen bewachsen war, galt es unter Pflanzenfreunden als botanisches Highlight. Viele Seltenheiten wurden dort entdeckt. Etwa die Blasenbinse, der Gewöhnliche Sumpfbärlapp oder die Sumpf-Stendelwurz, eine Orchideenart. Weiter spürten die Botaniker alle drei Arten des einheimischen Sonnentaus auf: Rundblättriger-, Langblättriger- und Mittlerer Sonnentau. Der Sonnentau ist eine fleischfressende Pflanze, die mit klebrigen Tentakeln auf ihren Blättern Fliegen und andere Insekten fängt. Im Laufe der Jahre gingen leider die meisten der seltenen Pflanzen verloren. Und so fasste der Naturwissenschaftliche Verein in Hamburg, der das Eppendorfer Moor von 1905 bis 1908 genau untersuchte, seine Ergebnisse in einem „Nekrolog“ zusammen. Seltenheiten gibt es im Eppendorfer Moor heute kaum noch. Trotzdem wird der botanisch Interessierte bei seinem Spaziergang durch dieses kleine Stückchen Natur bestimmt auf seine Kosten kommen.

MOOR-BIRKE
Betula pubescens

Familie Birkengewächse

Höhe bis zu 30 m

Rinde glatt, weißbraun bis hellgrau, teilweise in Ringeln ablösend

Blatt eiförmig, kurz zugespitzt, Rand gesägt

Blüte Männliche und weibliche Blütenstände (Kätzchen) befinden sich auf demselben Baum.

Blütezeit April bis Mai

Frucht hängender Fruchtstand mit geflügelten Nüsschen

Vorkommen vorzugsweise in Mooren und an anderen feuchten Standorten, manchmal auch in Parks, Friedhöfen und großen Gärten

Wissenswertes Das ungemaserte Holz der Moor-Birke wird für Drechsler- und Schnitzarbeiten genutzt. Aus den getrockneten Blättern gewinnt man einen Tee, der bei Gicht und Rheuma helfen soll. Der im Frühling aus der Moor-Birke gewonnene Saft wird gegen Haarausfall verwendet.

Blatt und Rinde der Moor-Birke

Es ist ein sonniger Frühlingstag. Bei der großen NABU-Tafel beginnt der Hauptweg in das Naturschutzgebiet. Er wird von den ausladenden Kronen alter Bäume beschattet und lässt uns ganz schnell den Verkehrslärm auf der Alsterkrugchaussee vergessen. Wir gehen unter dem grünen Blätterdach von *Ahornen*, *Buchen*, *Linden*, *Pappeln* und anderen Laubbäumen. Uns begegnet auch immer wieder die ▸ **MOOR-BIRKE**, was kein Wunder ist, denn sie liebt feuchte Standorte wie diesen hier. Jetzt fällt uns eine Moor-Birke auf, die direkt neben ihrer nahen Verwandten, der *Hänge-Birke*, wächst. Die beiden Bäume lassen sich gut unterscheiden. Bei der Hänge-Birke hängen die Äste und Zweige herab, die Äste und Zweige der Moor-Birke wachsen dagegen waagerecht oder nach oben. Auch am Aussehen der Stämme kann man die beiden Birken ganz gut auseinanderhalten. Der Stamm der Hänge-Birke ist weiß und besitzt viele schwarze Furchen. Der Stamm der Moor-Birke ist überwiegend glatt und hat eine weißgraue bis hellbraune Farbe. Könnten wir uns von jedem Baum ein Blatt abpflücken, was natürlich in einem Naturschutzgebiet verboten ist, würden wir auch hier Unterschiede feststellen. Das Blatt der Hänge-Birke ist eher dreieckig und unten lang zugespitzt, während die Moor-Birke eine mehr oder weniger eiförmige Blattform aufweist, die unten nur kurz zugespitzt ist. Schauen wir in die Kronen der beiden Birken, entdecken wir viele Kätzchen zwischen den Blättern.

Die produzieren jetzt eine Unmenge von Blütenpollen. Das ist allerdings nichts für Pollen-Allergiker.

Weiter geht's. Hier wächst ein *Haselstrauch*, dort ein *Hartriegel* oder ein *Holunder*. Am Wegesrand sehen wir Brennnesseln, Brombeeren und immer wieder das Kleine Springkraut. Diese Pflanze ist in den Gebirgen Zentralasiens zu Hause. Doch mittlerweile hat sie sich als sogenannter Neophyt auch bei uns angesiedelt. Berührt man die reifen Fruchtkapseln des gelbblühenden Springkrauts, springen sie auf und schleudern die Samenkörner heraus. Bei einer Bank geht es nach links und dann nach einigen Schritten wieder nach rechts. Langsam nähern wir uns jetzt dem wertvollsten Teil des Naturschutzgebiets, dem zentralen Niedermoor. Am Boden sucht ein kleiner Zaunkönig nach Insekten und Spinnen. Dann fliegt er auf einen Buchenzweig und schmettert laut sein Lied. Vorbei an Brombeergestrüpp und einzelnen Himbeerpflanzen gehen wir weiter in Richtung des großen Moorteichs. Rechts vom Weg liegen einige umgestürzte Birken. Da wir uns in einem Naturschutzgebiet befinden und nicht in einem monotonen Wirtschaftswald, dürfen diese Bäume einfach liegen bleiben. Ihr Totholz ist ein wichtiger Lebensraum für viele Pflanzen und Tiere. Pilze, Flechten und Moose siedeln sich an, und Insekten wie etwa Käfer und Ameisen finden hier eine neue Heimat.

Moor-Birken und Kleinblütiges Springkraut

Apfelfrüchte mit Vitamin C

Ein Rotkehlchen lässt seine orangeroten Federn von der Sonne bescheinen. Es freut sich sicher schon auf die Vogelbeeren, die leuchtend roten Früchte der ▸ **EBERESCHE**, vor der wir jetzt stehen. Im Moment ist der Baum noch voller weißer Blüten. Sie dienen Bienen, Fliegen und anderen Insekten als Nektarquelle. Die Früchte reifen erst ab August. Besonders Vögel wissen sie zu schätzen. Und das wurde ihnen früher manchmal zum Verhängnis. Vogelfänger nutzten die „appetitlich aussehenden" Vogelbeeren nämlich einst zum Anlocken ihrer Beute. Aber nicht nur Vögel lieben Vogelbeeren, sie stehen auch bei manchem Säugetier wie dem Eichhörnchen oder dem Siebenschläfer auf dem Speisezettel. Wir können Vogelbeeren zwar essen, aber auf keinen Fall roh, da sie die bittere Parasorbinsäure enthalten, die zu Magenverstimmungen und Durchfall führen kann. Beim Kochen wandelt sich diese Verbindung allerdings in Sorbinsäure um, die wir vertragen. Dann können wir eine leckere Marmelade und sogar einen Schnaps aus den Vogelbeeren machen.

Unser Weg führt jetzt um den großen Moorteich herum. Eine Maus flitzt auf dem Boden. Wahrscheinlich war es eine Rötelmaus. Die ist nämlich auch tagsüber aktiv. Auf einer Beobachtungskanzel genießen wir den Blick in die Moorlandschaft. Die Inseln im großen Teich sind mit

EBERESCHE
Sorbus aucuparia

Familie Rosengewächse

Höhe bis zu 15 m

Rinde schwarzgrau, längsrissig

Blatt Das Blatt ist unpaarig gefiedert. Die einzelnen Fiederblättchen sind am Rand gezähnt. Frucht: kleine korallenrote Apfelfrucht

Blüte Die weißen Blüten sind zwittrig und erscheinen in breiten, flachen Rispen.

Blütezeit Mai bis Juni

Vorkommen Parks, Friedhöfe, Gärten, Waldränder und -lichtungen

Wissenswertes Über sechzig Vogelarten verzehren die roten Früchte der Eberesche. Dabei scheiden sie die Samen wieder aus und sorgen so für die Verbreitung dieser Pflanze. Botanisch gesehen sind die Vogelbeeren gar keine Beeren, sondern kleine Apfelfrüchte. Sie enthalten viel Vitamin C. Auch im Herbst bietet die Eberesche einen schönen Anblick mit ihren gelb, orange oder feuerrot gefärbten Blättern.

Blüten und Früchte der Eberesche

Verwunschene Moorlandschaft mit Graureiher im Eppendorfer Moor

Grau-Weiden bewachsen, die gerade blühen. Diese Bäume können wir schon aus der Ferne gut an ihrer halbkugeligen, dicht verzweigten Krone erkennen. Am Ufer vor uns leuchten die gelben Blüten der Sumpf-Schwertlilie. Sie wird auch Wasser-Schwertlilie genannt. Wie der Name schon sagt, liebt dieses Liliengewächs feuchte Standorte und besitzt schmale lange Blätter, die wie eine Schwertklinge geformt sind. Es wird immer uriger. Hier im schattigen Bruchwald können wir uns nur schwer vorstellen, mitten in Hamburg zu sein. Abgebrochene Weidenäste liegen im dunklen Moorwasser wild durcheinander. Sie sind dicht mit Moos bewachsen. Einige Sumpffarne sind zu sehen, und auf dem Stamm einer *Pappel* entdecken wir Flechten. Eine Flechte ist eine Symbiose, also eine Lebensgemeinschaft, zwischen einer Alge und einem Pilz. Dabei ziehen beide Partner einen Nutzen aus dieser Verbindung. Die Alge liefert Zucker aus ihrer Photosynthese und bekommt dafür vom Pilz Wasser und Nährsalze.

Sinnbild des Bösen

Jetzt eröffnet sich uns ein weiterer schöner Blick auf den großen Moorteich. Ein Graureiher steht am Ufer einer kleinen Insel, auf dem abgestorbenen Ast einer Grau-Weide sitzt ein Kormoran, und ein Eisvogel flitzt über das Wasser. Dort schwimmen auch Stockenten, Blässhühner

SCHWARZ-ERLE
Alnus glutinosa

Familie Birkengewächse

Höhe bis zu 25 m

Rinde schwärzlich, schuppig

Blatt rundlich bis eiförmig, Oberseite glänzend dunkelgrün, am Rand gesägt

Blüte Männliche und weibliche Blütenstände (Kätzchen) befinden sich auf demselben Baum

Blütezeit März bis April

Frucht dunkelbrauner, zapfenartiger Fruchtstand

Vorkommen Moore, Sümpfe, Bruchwälder und andere feuchte und nasse Standorte, auch in Parkanlagen

Wissenswertes Das Holz der Schwarz-Erle ist auch unter Wasser sehr haltbar. Das wussten schon vor mehr als viertausend Jahren die Erbauer der Pfahlbauten am Bodensee. Venedig steht zum Teil ebenso auf den stabilen Pfählen der Schwarz-Erle. Heute nutzt man das Erlenholz auch in der Kunst- und Möbeltischlerei sowie zur Herstellung von Bürsten und Bleistiften.

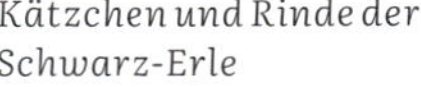

Kätzchen und Rinde der Schwarz-Erle

und zwei Haubentaucher. Nun kommt noch eine Libelle angeflogen. Ihr Hinterleib ist abgeflacht und blau. Es muss sich also um einen männlichen Plattbauch handeln. Im nächsten Moment setzt sich die schöne Libelle auf das Blatt einer besonders hohen ▸ **SCHWARZ-ERLE**. Es glänzt richtig in der Morgensonne. Dieser feuchtigkeitsliebende Laubbaum besitzt eine schwärzliche, schuppige Rinde. Man verwendete sie früher zum Schwärzen von Leder. Daher kommt wohl der Name der Schwarz-Erle. Wir sehen viele längliche Kätzchen. Das sind die männlichen Blütenstände. Wie Hasel- und Birkenpollen kann auch der Pollen der Schwarz-Erle bei manchen Menschen eine Allergie auslösen. Das frisch geschlagene Holz dieses Baums besitzt eine rötliche Färbung. Diese galt den Germanen als Sinnbild des Bösen. Auch weil die Schwarz-Erle häufig in Sümpfen und anderen unwirtlichen Gegenden wächst, war sie in früheren Zeiten vielen Menschen nicht ganz geheuer. Sie glaubten, dass dieser Baum Wohnsitz der Moorhexe sei, die sie in den sumpfigen Morast hinabziehen wolle.

Auf unserem weiteren Weg entdecken wir mehrere kleine Gallen auf dem Blatt einer anderen Schwarz-Erle. Welches Tier sie verursacht hat, ist unklar. Vielleicht war es eine Gallmilbe? Jetzt sehen wir eine Graugans, die gerade ins Wasser will. Doch es kommen noch mehr ihrer Artgenossen. Sechs, schon ziemlich große Junge watscheln im Gänsemarsch hinterher, gefolgt vom zweiten Elternteil. Wer von den Eltern der Ganter, also das Männchen, ist, können wir nicht sagen, da Mutter und Vater sehr ähnlich aussehen. Die Gänsefamilie schwimmt in Richtung einer vor uns liegenden Insel. Dort befindet sich wahrscheinlich ihr gut vor Menschen und Hunden geschütztes Nest. Auf der Wasseroberfläche entdecken wir nun mehrere Wasserläufer, die sich mit ihren langen, dünnen Beinen ruckartig vorwärts bewegen. Dabei nutzen sie die Oberflächenspannung des Wassers. Durch ihre weit abgespreizten Beine können die zu den Wanzen gehörenden Insekten ihr Gewicht so verteilen, dass das Oberflächenhäutchen des Wassers nicht reißt.

Holz für Schießpulver

Als wir uns einen ▸ **FAULBAUM** ansehen, fällt der Blick zufällig auf eine grüne Raupe. Das muss die Raupe des Zitronenfalters sein, einem der ersten Frühlingsboten. Das Männchen ist an seinem leuchtenden Gelb zu erkennen. Das Weibchen hat eine grünlich-weiße Färbung. Die kleine Raupe ruht auf der Mittelrippe der Blattoberseite und ist dort gut getarnt. Seinen Namen verdankt der hohe, mehrstämmige Strauch dem leichten Fäulnisgeruch seiner Rinde. Er schützt ihn vor dem Verbiss von Rehen und anderem Wild. Unser Faulbaum fängt gerade an zu blühen. Von den unscheinbaren grünlich-weißen Blüten

Unterschiedlich reife Früchte des Faulbaums

FAULBAUM
Frangula alnus

Familie Kreuzdorngewächse

Höhe bis zu 4 m

Rinde dunkelgrau, schwach rissig

Blatt Das ovale, zum Ende spitz zulaufende Blatt ist ganzrandig.

Blüte Zwittrig die trugdoldigen Blütenstände bestehen aus zwei bis zehn grünlich-weißen Einzelblüten.

Blütezeit Juni bis September

Frucht Steinfrucht

Vorkommen Moore, Erlenbrüche, Auwälder, Parks, Friedhöfe und große Gärten

Wissenswertes Der Faulbaum wird auch „Pulverholz" genannt, weil die Holzkohle, die man früher aus ihm gewann, für die Herstellung von Schießpulver verwendet wurde. Wegen der besonders langen Blütezeit sind am Faulbaum Blüten und reifende Früchte gleichzeitig zu sehen. Die kleinen Steinfrüchte sind ungenießbar. Auch Rinde und Blätter sind leicht giftig.

profitieren viele Insektenarten wie etwa Bienen, Hummeln und Käfer. Die kleinen, zunächst grün-, dann rot- und ab Ende August schwarz gefärbten Steinfrüchte schmecken Wacholderdrosseln und anderen Vögeln. Später scheiden sie die unverdaulichen Samen wieder aus und sorgen so für die Verbreitung des Faulbaums.

Jetzt stehen wir auf einer weiteren Beobachtungskanzel und hören einen Frosch quaken. Es ist ein Teichfrosch. Gut sind seine seitlich am Kopf sitzenden, weißlichen Schallblasen zu erkennen. Nur das Männchen besitzt diese dehnbaren, dünnen Ausstülpungen der Haut. Es will mit seinen weithin hörbaren Rufen ein paarungsbereites Weibchen anlocken. Doch nun hat unser Teichfrosch eine kleine, blaue Libelle entdeckt, die sich am Ufer sonnt. Er nähert sich vorsichtig und schnappt sich das Insekt in Sekundenbruchteilen mit seiner langen, klebrigen Zunge. Nun geht's entlang einiger bunt blühender Schrebergärten am Westrand des Eppendorfer Moores. Vor ihnen hat sich an einigen Stellen der Japanische Staudenknöterich „breit gemacht". Dieses aus Asien eingeführte Gewächs wuchert sehr stark und nimmt anderen Pflanzen das Licht. Seine Bekämpfung ist sehr mühsam und muss regelmäßig wiederholt werden.

Teichfrosch und Japanischer Staudenknöterich

Ökologisch besonders wertvoll

Gerade fängt ein Weißdorn an zu blühen, den wir am Wegesrand entdecken. Könnten wir uns eine seiner weißen Blüten mit einer guten Botanik-Lupe anschauen, würden wir feststellen, dass sie im Zentrum nur einen Griffel hat. Es handelt sich bei unserem großen Strauch also um den ‣ **EINGRIFFELIGEN WEISSDORN.** Das erkennen wir auch an seinen zarten, grünen Blättern. Sie bestehen aus meist fünf tief eingeschnittenen Lappen. Anders sehen die Blätter des Zweigriffeligen Weißdorns aus. Ihre Lappen sind nicht so tief eingeschnitten. Weißdorn spielt in der Natur eine große Rolle. Seine Blüten locken Bienen, Hummeln und Schmetterlinge an. Zwischen seinen dichtgewachsenen, dornigen Zweigen bauen Vögel gern ihr Nest. Dort sind sie gut vor Katzen und anderen Fressfeinden geschützt. Im Herbst machen sich die Gefiederten dann über die scharlachroten Früchte her. Wir können diese ruhig auch einmal

Früchte und Blüten des Eingriffeligen Weißdorns

probieren. Sie schmecken aber eher trocken und mehlig. Auch als Heilpflanze hat sich der Weißdorn einen Namen gemacht. Die Inhaltsstoffe seiner Blüten, Blätter und Früchte können bei leichten Herzbeschwerden helfen.

Nun gehen wir nach links durch dunklen Laubwald. Langsam lichtet er sich etwas, und wir gelangen wieder an den großen Moorteich. Hier im Uferbereich können wir uns an den weißen Blütenteppichen der zarten Wasserfeder erfreuen. Sie wurzelt im schlammigen Grund. Jetzt kommt eine Schwebfliege und besucht eine der vielen Blüten. Sie bleibt kurz und fliegt dann zu einer weiteren Blüte. Vielleicht hat sie Pollen mitgebracht, den sie nun auf die Narbe überträgt. Bevor wir unseren Baum-Rundgang beenden, hören wir noch das markante „Gik, gik, gik" eines Habichts. Da dieser eindrucksvolle Greifvogel meist in der Nähe seines Horstes ruft, sitzt er sicher auf einem Baum, der nicht weit von uns entfernt ist. •

EINGRIFFELIGER WEISSDORN

Crataegus monogyna

Familie Rosengewächse

Höhe bis zu 10 m

Rinde graubraun und rissig

Blüte Die weißen, zwittrigen Blüten sind in Gruppen angeordnet. Jede Blüte besitzt nur einen Griffel.

Blütezeit Mai bis Juni

Blatt oft fünflappig

Frucht beerenartige Apfelfrucht mit einem Steinkern

Vorkommen Parks, Friedhöfe, naturnahe Gärten, Hecken, Gebüsche, Waldränder

Wissenswertes Der Eingriffelige Weißdorn ist ökologisch besonders wertvoll. Er bietet über 160 Insektenarten Nahrung. So ist er für manche Schmetterlinge wie beispielsweise die Kupferglucke eine wichtige Raupenfutterpflanze. Der nahe Verwandte des Eingriffeligen Weißdorns, der Zweigriffelige Weißdorn, ist nicht ganz so häufig. Eine seiner Kulturformen wird wegen ihrer roten Blüten auch „Rotdorn" genannt.

Die Friedenseiche

Vom Verkehr umbraust wächst am Eppendorfer Marktplatz eine noch sehr junge **STIEL-EICHE** (Quercus robur). Vor dem zarten Bäumchen ist ein massives Schild in halbliegender Position angebracht, auf dem zu lesen steht: „Gepflanzt zur Erinnerung an den glorreichen Frieden von 1871". Gemeint ist hier der Sieg der Deutschen über die Franzosen nach dem Deutsch-Französischen Krieg (1870–71), der unter anderem die Gründung des Deutschen Reichs zur Folge hatte. Diese sogenannte „Friedenseiche" in Eppendorf hatte schon zwei Vorgänger, die beide der Eppendorfer Bürgerverein von 1875 pflanzen ließ. Die erste Friedenseiche wurde über zwanzig Meter hoch, musste aber im Jahre 2008 gefällt werden, weil sie von einem Pilz (Lackporling) befallen worden war. Der kurz darauf neu gepflanzte Baum hielt sich nicht lange. Ein Befall von Eichensplintkäfern machte ihm den Garaus. Neben der Eiche in Eppendorf gibt es in Hamburg noch zwei weitere Friedenseichen. Eine steht in Altona auf einem parkähnlichen Grünstreifen in unmittelbarer Nähe der Straße „Bei der Friedenseiche", die andere auf einer Verkehrsinsel im Zentrum Wellingsbüttels.

→ Die Friedenseiche in Eppendorf ist gut mit verschiedenen Buslinien zu erreichen. Sie steht unmittelbar an der Haltstelle Eppendorfer Marktplatz. Auch mit der U-Bahn kommt man gut dorthin. Vom Bahnhof Kellinghusenstraße sind es noch etwa zehn Minuten Fußweg.

Redensarten – frisch vom Baum

Sprache lebt von Bildlichkeiten, gesprochen oder geschrieben. Sie können alten Ursprungs sein wie der auf eine Stelle im 4. Buch Mose zurückgehende Dorn im Auge. Die Redensart „Es steht auf Messers Schneide" beruht auf einer Formulierung im 10. Gesang von Homers „Ilias". Ein seit mehr als 200 Jahren außer Gebrauch gekommener, bereits im Altertum praktizierter und ziemlich brachialer Eingriff zur Behandlung des Grauen Stars klingt an, wenn jemandem *der Star gestochen* wird. Demgegenüber recht neu aufgekommen sind zum Beispiel die Kuh, die vom Eis muss, und die Leitplanken, die zur geordneten Durchführung von Vorhaben einzuziehen sind.

Die Pflanzenwelt ist gut in Redewendungen vertreten. Man kann *etwas durch die Blume sagen*, ironisch *für die Blumen danken*, jemanden *über den grünen Klee loben* oder ihn *wie eine heiße Kartoffel fallen lassen*. Jemand kann *das Gras wachsen hören*, jemand anders hat – wie wohl erst seit den 1960er Jahren gesagt wird – *Tomaten auf den Augen*. Höchst empfindliche Menschen gelten als *Mimosen*. Wirkt jemand verdrossen, als wäre ihm etwas schiefgegangen, hat es ihm *die Petersilie verhagelt*. In der Zeit der Audiokassetten war der *Bandsalat* gefürchtet. Und was noch alles. Das Durcheinander wie *Kraut und Rüben* nicht zu vergessen!

Natürlich haben auch Bäume ihren Anteil daran, ob einzeln, ob als Wald und mit dem, was zu ihnen gehört oder aus ihnen wird. Man weiß zum Beispiel, dass sie nicht *in den Himmel wachsen* und dass man *einen alten Baum nicht verpflanzen* soll. Ein *Kerl wie ein Baum* ist *baumstark* und *kann Bäume ausreißen*. Es ist, um *auf die Bäume zu klettern*, wenn wieder etwas schiefgeht. Wer wütend ist, wurde von jemandem oder durch etwas *auf die Palme gebracht*. Vielleicht *bäumt er sich in Empörung auf*, wie sich ein Bär an einem Baum aufrichtet, um daran hochzuklettern. Und wer vor einem Dilemma steht, *steckt zwischen Baum und Borke*.

Wie die Borke sind auch andere Teile des Baums für Redensarten nützlich. Jemand *zittert vor Kälte* oder *Angst wie Espenlaub*. Schlecht ist es, *auf dem absteigenden Ast zu sein*, ganz schlecht, *den Ast abzusägen, auf dem man sitzt*. Damit kommt man *auf keinen grünen Zweig*. Will jemand einen Übelstand gründlich beheben, legt er der Sache *die Axt an die Wurzel*. Johannes der Täufer benutzte das Bild in einer von den Evangelisten Matthäus und Lukas wiedergegebenen Bußpredigt. Mit dem Gelingen einer verdienstvollen Aktion lassen sich *Lorbeeren gewinnen* oder *ernten*. Wer es danach ruhig angehen lässt, *ruht sich auf seinen Lorbeeren aus*. Bei all diesen Lorbeeren ist natürlich nicht an die kleinen

Früchte des Lorbeerbaums gedacht, sondern an den Kranz aus beblätterten Lorbeerzweigen zur Ehrung hervorragender Leistungen, schon in der Antike als Ruhmeskranz gebräuchlich. Das *Feigenblatt*, mit dem etwas moralisch oder ethisch Anstößiges bemäntelt oder verborgen wird, stammt aus dem biblischen Schöpfungsbericht: Adam und Eva hatten die verbotene Frucht gegessen und „wurden gewahr, dass sie nackt waren, und flochten Feigenblätter zusammen und machten sich Schurze" (1. Mose, 3, 7).

Bäume bringen Früchte hervor, einige davon sind gut für Redensarten, besonders der Apfel. Der eben zitierten Bibelstelle ist der *Adamsapfel* als scherzhafte Bezeichnung für den Kehlkopf zu verdanken: das Adam im Hals stecken gebliebene Kerngehäuse der als Apfel gedeuteten verbotenen Frucht. Schon Luther wusste, dass man *in den sauren Apfel beißen* muss, wenn sich eine unangenehme Aufgabe oder Entscheidung nicht vermeiden lässt. Bei unzulässigen Vergleichen werden *Äpfel mit Birnen verglichen*. Sind Kinder den Eltern ähnlich im Aussehen oder in dem, was sie tun, ist der Kommentar: *Der Apfel fällt nicht weit vom Stamm* ... in scherzhaften Abwandlungen nicht weit vom Birnbaum oder vom Pferd. Etwas sehr günstig Erworbenes hat man *für 'n Appel und 'n Ei* bekommen. Etwas, worum gestritten wird, ist ein *Zankapfel*, herstammend vom *goldenen Apfel*, den Eris, die griechische Göttin der Zwietracht, dem Paris gab, ihn der Schönsten der drei Göttinnen Hera, Athene und Aphrodite zu geben. Er gab ihn Aphrodite, was zum Trojanischen Krieg führte.

Eher wenige andere Baumfrüchte haben es in Redensarten „geschafft", großenteils schon älter. Mit einem unverträglichen Menschen ist *nicht gut Kirschen essen*. Wer *andere die Kastanien für sich aus dem Feuer holen lässt*, handelt so wie der gerissene Affe Bertrand, der in einer Fabel von Jean de La Fontaine auf etwas perfide Weise den Kater Raton dazu bewegt. Fasst jemand einen komplexen Zusammenhang sehr kurz und treffend zusammen, bietet er ihn *in einer Nuss* oder lateinisch *in nuce*. Geht es um eine schwere Aufgabe, ist *eine harte Nuss zu knacken*. Auch ohne die Nuss zu nennen, lassen sich Probleme knacken ... oder auch nicht. Wer sich verkalkuliert hat, hat *mit Zitronen gehandelt*, denn Zitronengeschmack lässt die Gesichtszüge entgleisen. Wenn er dann richtig Pech hat, wird er *ausgequetscht wie eine Zitrone*. Das kann auch jemandem passieren, dem eine Unzahl von Fragen gestellt wird. Umgangssprachlich ist Gewalttätigkeit angedroht, wenn jemand gleich *was auf die Nuss kriegen* soll. Der Bedrohte hat seinen Kopf zu hüten. Was den Wald angeht, kann es vorkommen, dass jemand ihn *vor lauter Bäumen nicht sieht*, wie es der Dichter Christoph Martin Wieland in der zweiten Hälfte des 18. Jahrhunderts formuliert hat. Ein Sprichwort weiß: *Wie man in den Wald hineinruft, so schallt es heraus*. Hilft sich jemand in einer bedrohlichen Situation mit bemüht zuversichtlichen Äußerungen über Beängstigung hinweg, handelt es sich um ein *Pfeifen im Walde*. Bleibt eine verlangte Antwort oder nötige Erklärung aus, herrscht *Schweigen im Walde*. Ein ungehobelter Mensch benimmt sich gelegentlich wie die *Axt im Walde*. Deutlicher Kommentar bei Entrüstung: *Ich glaub', ich bin im Wald!*

Auch in Wortzusammensetzungen findet der Wald seinen Platz. Als *Hinterwäldler* gilt, wer in Ansichten und Habitus hinter neueren Entwicklungen zurückgeblieben ist, also sozusagen hinterm Wald lebt. Noch verunglimpfender ist der *Waldheini*. *Im Blätterwald rauscht es*, wenn etwas breit in der Presse abgehandelt wird, was sich unter Umständen zu einem *Sturm im Blätterwald* auswachsen kann. Den *Schilderwald* kennen alle, die motorisiert unterwegs sind. Die Waldfee hilft dabei, Kinder freundlich zum Ins-Bett-Gehen anzutreiben: *Husch, husch, die Waldfee!*

Nun zum Werkstoff Holz, um weiterhin *vom Hölzchen aufs Stöckchen* zu kommen. Daraus hergestellte klobige Holzhämmer sind unverzichtbar für *Holzhammermethoden*. In seiner eigentlichen Bedeutung führt ein *Holzweg* nicht weiter als bis zu einem Holzschlag und dient dazu, gefällte Bäume abzutransportieren. Wer sich im übertragenen Sinn darauf begibt oder befindet, irrt sich und geht fehl im Denken oder Handeln. Ein *Holzkopf* ist, wie sich denken lässt, schwer von Kapee. Nicht unbescholten ist, wer *etwas auf dem Kerbholz hat*. Vielleicht hat er einmal jemanden *zu Kleinholz gemacht*, d.h. ihn übel verprügelt. Wurde früher *geholzt*, wurde u. a. Holz gefällt, gesammelt, geholt oder gefahren, wie in Johann Christoph Adelungs um 1800 herum erschienenem großen Wörterbuch angegeben; heute geschieht es mehr auf dem Fußballplatz. Ein dickerer, derber und womöglich ganz unbearbeiteter Holzstock ist ein *Knüppel*, den man jemandem *zwischen die Beine werfen* kann, um ihm Schwierigkeiten zu machen. Für größere Ausführlichkeiten fehlt hier der Platz, also: *Der Knüppel liegt beim Hund*.

Im Sägewerk werden Baumstämme zu Balken, Brettern und Latten geschnitten, was früher in der mit Wasser- oder Windkraft betriebenen Säge- oder auch Schneidemühle geschah. Dass *Wasser keine Balken hat*, ist bekannt, und ein Lügenbold *lügt, dass sich die Balken biegen*.

Als *die Bretter, die die Welt bedeuten*, hat Friedrich von Schiller in seinem Gedicht „An die Freunde" (1802) die Theaterbühne bezeichnet. So kann auch heute noch ein Theaterstück *über die Bretter gehen*. Wo es in irgendeiner verlassenen Gegend nicht weitergeht, ist die Welt *mit Brettern vernagelt*. Wer ein *Brett vor dem Kopf* hat, ist begriffsstutzig. Wer sich gern leichte Arbeit sucht, vermeidet es, *dicke Bretter zu bohren*, ist also der nicht so beliebte *Dünnbrettbohrer*. Wer bei jemandem einen *Stein im Brett* hat, ist bei diesem gut angesehen. Die Redewendung bezieht sich auf das hölzerne Spielbrett für das sehr alte Würfelspiel Tricktrack; Backgammon ist daraus hervorgegangen. Eine *lange Latte* ist ein hochgewachsener dünner Mensch. Wo hohe Ansprüche zu erfüllen sind, um etwas zu erreichen, ist *die Latte hoch gelegt*. Ein Sprichwort aus der Holzbearbeitung: *Wo gehobelt wird, da fallen Späne*. Und einer der Handwerker, die mit Holz zu tun haben, wird bemüht, um jemanden aus dem Haus zu weisen: *Man zeigt ihm, wo der Zimmermann das Loch gelassen hat*. Dieser spielt auch eine Rolle in der Redewendung „die Axt im Haus erspart den Zimmermann", gesagt von Tell in Friedrich Schillers Schauspiel „Wilhelm Tell" von 1804.

Robert Wohlleben

Duden 11. Redewendungen. Wörterbuch der deutschen Idiomatik. Herausgegeben von der Dudenredaktion. Verlag: Bibliographisches Institut, ISBN 978-3-411-04115-2.

Stadtpark 6

Ein spontanes Fußballspiel auf der großen Festwiese, ein erholsamer Spaziergang unter alten Bäumen im Sierichschen Gehölz oder ein Open-Air-Konzert auf der Freilichtbühne – der knapp 150 Hektar große Hamburger Stadtpark bietet allen etwas.

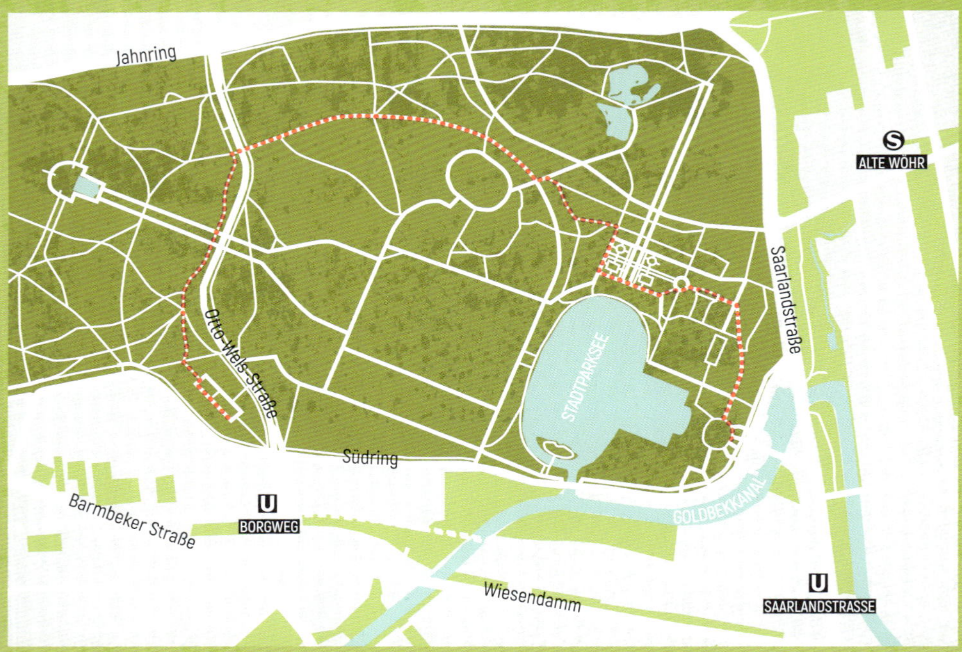

ANFAHRT

Der Hamburger Stadtpark ist dank seiner zentralen Lage gut zu erreichen. U-Bahn (U3) bis Saarlandstraße oder Borgweg. S-Bahn (S1, S11) bis Alte Wöhr. Buslinien 179 bis Stadtpark (Planetarium) und 20 bis Ohlsdorfer Straße (Planetarium).

INFO

- Interessante Informationen über den Stadtpark bietet der Stadtpark Verein Hamburg e.V. (www.stadtparkverein.de, Telefon 040/51 32 83 91). Er veranstaltet auch verschiedene Rundgänge (z.B. Gehölzführung und Kräuterwanderung).
- Lohnenswert ist ein Besuch des vom Stadtpark Verein angelegten Baumlehrpfads mit seinen unterschiedlichen Arealen.
- Die „Interaktive Karte Stadtpark" bietet schnelle Information über Sehenswürdigkeiten im Stadtpark (www.hamburg.de/karte-stadtpark).

Selbst Fans von Modellbooten kommen im Stadtpark auf ihre Kosten, können sie doch ihre Lieblinge auf einem künstlich angelegten Mini-Teich schwimmen lassen. Und auch „Sternengucker“ werden fündig. Im ehemaligen Wasserturm auf dem höchsten Punkt des Parks wandern die Himmelskörper über die Kuppeldecke des Planetariums. Die beliebte Grünanlage in der Nachbarschaft von Winterhude, Alsterdorf und Barmbek wurde am 1. Juli 1914 als „öffentlicher Volksgarten“ eingeweiht. Den Stadtvätern ging es um frische Luft und Erholung für die damals stark anwachsende Bevölkerung. Nach den Plänen des Oberbaudirektors Fritz Schumacher war eine klar gegliederte Parkarchitektur mit Wäldchen, großen Wiesenflächen, Gartenanlagen und See entstanden.

Grüne Lunge mit abwechslungsreicher Baumwelt

Bäume, Sträucher, Hecken, Zierpflanzen und Wildkräuter – mit seinen vielen einheimischen und exotischen Gewächsen ist der abwechslungsreich gestaltete Stadtpark eine grüne Lunge mitten in Hamburg. Bei unserem Spaziergang entlang einer Hauptachse von Ost nach West wollen wir uns natürlich in erster Linie auf die Baumwelt konzentrieren. Die Route beginnt am Modellboot-Teich nahe der U-Bahn-Haltestelle Saarlandstraße und endet beim ehemaligen Kurgarten nicht weit entfernt von der Haltestelle Borgweg. Zuerst gehen wir in Richtung des von alten Blut-Buchen umstandenen Pinguinbrunnens und gelangen anschließend in den geometrisch angelegten Rosengarten. Gleich in seiner Nähe wachsen beeindruckende Exoten wie der Riesen-Mammutbaum oder der mächtige Trompetenbaum. Dort besuchen wir auch zwei Areale eines Baumlehrpfads mit unterschiedlichen Arten von Kirschbäumen und Eichen. Danach spazieren wir weiter in Richtung Westen. Am oberen Ende der am großen Planschbecken beginnenden Spielwiese begegnen wir schönen Solitären wie den Tulpen- und Walnussbäumen. Dort entdecken wir auch ein weiteres Areal des Baumlehrpfads. Diesmal geht es um die Eberesche und andere Arten von Mehlbeeren. Schließlich überqueren wir die Otto-Wels-Straße, wandern im Sierichschen Gehölz unter alten Buchen, Eichen und Ahornen und gehen zum Schluss unserer baumkundlichen Kurzwanderung noch durch den ehemaligen Kurgarten, in

BÄUME UND STRÄUCHER AUF DER STRECKE

- Ginkgo
- Strauchkastanie
- Rote Haselnuss
- Kobushi-Magnolie
- Blut-Buche
- Blüten-Hartriegel
- **Blauglockenbaum**
- Sicheltanne
- Krim-Linde
- **Vogel-Kirsche**
- Mahagoni-Kirsche
- Urwelt-Mammutbaum
- Riesen-Mammutbaum
- Trompetenbaum
- **Götterbaum**
- Kastanienblättrige Eiche
- Schindel-Eiche
- **Schwarzer Holunder**
- Weymouth-Kiefer
- Hänge-Birke
- Rot-Buche
- Rosskastanie
- Mehlbeere
- Elsbeere
- Eberesche
- **Tulpenbaum**
- Walnussbaum
- Baum-Hasel
- Winterschneeball
- **Frühe Traubenkirsche**

dessen denkmalgeschützter Trinkhalle sich heute ein Café befindet.

Motiv für Kimono-Seide

Für den Spaziergang haben wir uns einen sonnigen Frühlingsmorgen ausgewählt. Dann ist der Stadtpark noch nicht so belebt, so dass wir in aller Ruhe in die Pflanzenwelt eintauchen können. Beim Modellboot-Teich genießen wir erst einmal einen Blick in die Weite der beliebten Parkanlage: im Vordergrund der Stadtparksee, dahinter die große Festwiese und als Abschluss der ehemalige Wasserturm, der heute als Planetarium genutzt wird. Jetzt geht's nach rechts, vorbei an *Ginkgo*, *Strauchkastanie* und *Roter Haselnuss*, bis wir an einen kleineren Baum mit weit ausladenden Ästen gelangen, der über und über mit sternförmigen weißen Blüten verziert ist. Es ist die aus Japan stammende *Kobushi-Magnolie*. Ihre attraktiven Blüten sind dort ein beliebtes Motiv für Kimono-Seidenstoffe. Nun halten wir uns links und sehen schon in einiger Entfernung den Pinguinbrunnen. Dort angekommen, freuen wir uns über die sechs lustigen Pinguinfiguren. Sie hocken auf einem achteckigen Brunnentrog, der in einem runden Wasserbecken steht. In der Mitte dieses Trogs plätschert eine kleine Fontäne. Umgeben ist die kreisförmige dicht bewachsene Anlage des Pinguinbrunnens von alten *Blut-Buchen*. Die

Borke des Walnussbaums und Blüten des Trompetenbaums

Blüten und Blätter des Blauglockenbaums

Bäume mit den schwarzroten Blättern sind aus Rot-Buchen durch Mutation, also durch spontane Änderung des Erbguts, entstanden.

Baum mit Kind

Wir verlassen nun den fast etwas magisch wirkenden Pinguinbrunnen und betreten den großen, nördlich des Stadtparksees gelegenen Rosengarten mit seinen vier quadratischen Teilgärten. Jetzt blüht die „Königin der Blumen" noch nicht, aber im Sommer entfaltet sie hier zwischen Stauden und Gräsern ihre ganze Farbenpracht. Im Rosengarten und seiner unmittelbaren Nähe wachsen auch viele interessante Bäume und Sträucher. Mehrere davon sind nicht heimisch bei uns. Etwa der aus Nordamerika stammende *Blüten-Hartriegel* oder der chinesische ▸ **BLAUGLOCKENBAUM**. Von diesem entdecken wir gleich zwei: einen kleineren und einen größeren. Sie wachsen nicht weit voneinander entfernt. Der eine ist das „Kind" des anderen. Er hat sich vor einigen Jahren aus einem der geflügelten Samen entwickelt, die der Wind zu der Stelle wehte, wo er jetzt steht. Schön sehen sie aus, die blauvioletten, glockenförmigen Blüten. Sie duften leicht nach Vanille und sitzen zu mehreren an aufrecht stehenden Rispen. Schon vor dem Austreiben der großen herzförmigen Laubblätter sind sie aufgeblüht. Die aus den Blüten entste-

BLAUGLOCKENBAUM
Paulownia tomentosa

Familie Braunwurzgewächse

Höhe bis zu 25 m

Rinde graubraun und leicht rissig

Blatt groß und herzförmig

Blüte blauviolett, glockenförmig, zu mehreren an aufrecht stehenden Rispen

Blütezeit April bis Mai

Frucht braune Kapselfrüchte

Vorkommen Parks, Friedhöfe, große Gärten

Wissenswertes Der Blauglockenbaum gelangte in der ersten Hälfte des 19. Jahrhunderts durch den Würzburger Arzt und Botaniker Philipp Franz von Siebold nach Europa. Er stand als Militärarzt in niederländischen Diensten und benannte den Blauglockenbaum nach Anna Pawlowna, der Tochter eines russischen Zaren, die von 1840 bis 1849 Königin der Niederlande war.

Krim-Linde und Sicheltanne

henden braunen Kapselfrüchte bleiben nach dem Öffnen manchmal noch bis weit in den Winter hinein am Baum. Der Blauglockenbaum liebt Licht und Wärme. Deshalb gedeiht er an einem sonnigen Standort wie diesem besonders gut. Er wächst ziemlich schnell, wird aber nur sechzig bis siebzig Jahre alt. Unsere beiden Blauglockenbäume sind schätzungsweise sieben und zwanzig Jahre alt.

Auf dem Baumlehrpfad

Wir bleiben noch ein wenig im Rosengarten und entdecken weitere Bäume. Etwa eine in Ostasien beheimatete *Sicheltanne*. Dieser kegelförmige Nadelbaum ist bei uns nicht so häufig in Parks zu sehen. Oder eine *Krim-Linde*. Auffallend sind ihre dunkelgrün glänzenden Blätter. Die Krim-Linde wurde im Jahre 1860 auf der Halbinsel Krim entdeckt. Sie blüht später als unsere heimischen Linden und bietet Bienen und Hummeln ebenfalls reichlich Nektar. Da die Krim-Linde Trockenheit und Schadstoffe gut verträgt, wird sie sicher in Zukunft eine größere Rolle als Stadtbaum spielen. Jetzt überqueren wir die in nord-südlicher Richtung verlaufende Platanen-Allee, auf der es sich wunderbar flanieren lässt, und gelangen in den westlichen, abschließenden Teil des Rosengartens. Er ist gekennzeichnet durch eine mit wildem Wein berankte Pergola. Zuerst besuchen wir ein Areal des vom Stadtpark Verein angelegten Baumlehrpfads. Hier geht es um die Pflanzengattung der Kirschen. Sie umfasst weltweit etwa 200 verschiedene Arten. Vor einem einheimischen Kirschbäumchen bleiben wir stehen. Es ist eine ▸ **VOGEL-KIRSCHE**, wie uns das kleine Schild am Boden verrät. Sie ist noch nicht sehr groß, kann später aber über zwanzig Meter hoch werden. Wie es sich gehört, sitzt gerade ein Vogel in der Vogel-Kirsche, eine Amsel. Doch sie hat Pech, denn der Baum braucht noch viele Jahre, bis er Früchte trägt. Die Vogel-Kirsche ist die Wildform unserer Süß-Kirsche. Schon die Menschen der Steinzeit schätzten ihre Früchte. Sie sind etwas kleiner und schmecken auch weniger süß als die Kirschen, die wir vom Markt oder aus dem Supermarkt kennen. Außer Menschen und Vögeln wissen auch Ameisen die Vogel-Kirsche für sich zu nutzen. Sie naschen gern vom Zuckersaft, der aus zwei kleinen Drüsen an den Blattstielen kommt. Als Gegenleistung befreien die kleinen Krabbeltiere den Baum von Raupen und anderen für ihn schädlichen Insekten. Eine ausgewachsene Vogel-Kirsche ist besonders im Frühling und im Herbst prächtig anzuschauen. Im Frühling schmückt sie sich mit unzähligen weißen Blüten, und im Herbst verfärben sich ihre Laubblätter wunderschön orangerot.

Ein paar Schritte von unserer Vogel-Kirsche entfernt steht noch ein größeres Exemplar. Wie wir dem kleinen Schild am Boden entnehmen können, handelt es sich in diesem

Vogelkirsche: Lieblingsbaum vieler Vögel

VOGEL-KIRSCHE
Prunus avium

Familie Rosengewächse

Höhe bis zu 30 m

Rinde rötlich bis bräunlich

Blatt eiförmig bis elliptisch, Rand gesägt

Blüte weiß, zu mehreren in doldigen Büscheln

Blütezeit April bis Mai

Frucht rote Steinfrucht

Vorkommen Parks, Friedhöfe, Hecken, Waldränder

Wissenswertes Die Früchte der Vogel-Kirsche sind etwas kleiner und schmecken weniger süß als die Kirschen im Garten. Die meisten Vögel haben es nur auf das Fruchtfleisch der Vogel-Kirsche abgesehen. Aber der Kernbeißer knackt auch gern ihren harten Kern. Schön sieht die Vogel-Kirsche im Herbst aus. Dann verfärben sich ihre Blätter orangerot.

Fall um eine „sterile Zuchtform" mit gefüllten Blüten. Diese bilden später also keine Früchte mehr. Jetzt entdecken wir noch eine kleine *Mahagoni-Kirsche*. Sie stammt aus China und ist wegen ihrer glänzend mahagonibraunen Rinde, die sich später in schmalen Streifen abrollt, besonders attraktiv.

Baum mit rasantem Wachstum

Nun verlassen wir den Bereich des Baumlehrpfads und schauen uns weiter um. Hier stehen einige zu den Zypressengewächsen gehörende Bäume: *Urwelt-Mammutbäume* und ein besonders großer *Riesen-Mammutbaum*, der aber längst nicht so groß ist wie ein Riesen-Mammutbaum in Kalifornien. Der hat nämlich eine Höhe von über achtzig Metern, fast so hoch wie das Geomatikum der Hamburger Universität. Ein mächtiger *Trompetenbaum* fällt uns auf. Er blüht gerade. Sein seitlicher, nahe über dem Boden verlaufender dicker Stamm, auf dem Kinder gerne herumklettern, muss mit Metallstangen abgestützt werden. Weiter geht's zu einem ▸ **GÖTTERBAUM**. Eine witzige Erklärung seines Namens könnte sich aus seinem rasanten Wachstum von bis zu drei Metern im Jahr ergeben. Damit würde er in einem Tempo nach oben zu den Göttern schießen wie kaum ein anderer Baum. Der aus China stammende Götterbaum wird in seiner Heimat unter anderem zur Seidenraupen-

GÖTTERBAUM
Ailanthus altissima

Familie Bittereschengewächse

Höhe bis zu 25 m

Rinde graubraun, glatt, manchmal mit rautenförmiger Struktur

Blatt langes Fiederblatt mit 13 bis 25 glattrandigen Einzelblättchen

Blüte gelbgrüne Blütenrispen

Blütezeit Juli

Frucht an beiden Seiten geflügelt, mit zentralem Samen

Vorkommen Parks, Friedhöfe, große Gärten, Industrieflächen, Schuttplätze

Wissenswertes Der Götterbaum kam 1751 aus China nach England. Nach dem Zweiten Weltkrieg breitete er sich im Trümmerschutt schnell aus. Er vermehrt sich über Samen und auch vegetativ über Wurzelsprosse. Die Einzelblättchen des Götterbaums besitzen an ihrer Basis Drüsen, die oft an kleinen Zähnen sitzen. Diese Drüsen produzieren Nektar, der Ameisen anlockt.

Götterbaum mit rautenförmig strukturierter Rinde

Tagpfauenauge und Kleiner Fuchs (rechts)

zucht genutzt. Mit seinen großen gefiederten Blättern ist er ein attraktives Gehölz und findet sich bei uns in vielen Parks. Der Götterbaum ist sehr robust und hervorragend an unser warmes und trockenes Stadtklima angepasst. Doch leider breitet er sich schnell aus und verdrängt damit viele heimische Arten. Deshalb steht dieser „Neubürger" seit 2019 auf der EU-Liste der invasiven Arten, zu denen auch Bäume wie die Robinie und die Spätblühende Traubenkirsche gehören.

Wildblumenwiese für Schmetterlinge

Nicht weit, und wir gelangen in ein neues Areal des Baumlehrpfads. Es liegt nahe der Skulptur „Badende" von Reinhold Begas. Diesmal können wir uns unterschiedliche Eichenarten ansehen. Es gibt nämlich außer unserer heimischen Stiel- und Trauben-Eiche noch viele andere Arten, die zum großen Teil auf der Nordhalbkugel zu Hause sind. Alle bilden Eicheln als Früchte. Doch die Blätter sehen manchmal gar nicht eichentypisch aus. Jetzt stehen wir vor einer *Kastanienblättrige Eiche*, die im Kaukasus beheimatet ist. Ihre lanzettförmigen Blätter sind nicht eingebuchtet, sondern haben einen gezähnten Rand. Bei der aus dem Osten Nordamerikas stammenden *Schindel-Eiche*, die wir anschließend besuchen, haben die schlanken Blätter einen glatten Rand. Nachdem wir uns noch einige weitere Eichenarten angeschaut haben, geht

SCHWARZER HOLUNDER
Sambucus nigra

Familie Geißblattgewächse

Höhe bis zu 7 m

Rinde graubraun und längsgefurcht

Blatt gefiedert mit meist fünf Fiederblättchen

Blüte weiße Blütenschirme

Blütezeit Mai bis Juli

Frucht Fruchtstände mit kleinen schwarzen Beeren (botanisch: Steinfrüchte)

Vorkommen Parks, Friedhöfe, Gärten, Hecken, Wälder, Wiesen und Felder, Gewässer, Ruderalflächen

Wissenswertes Ob in der Steinzeit oder heute: Seit jeher spielt der Schwarze Holunder eine wichtige Rolle in der Volksmedizin. Dabei werden alle Teile der Pflanze genutzt. So verwendet man die Früchte beispielsweise bei Ischias-Beschwerden und Nervenschmerzen. Tees aus Rinde und Blüten sind alte Hausmittel gegen Nieren- und Blasenleiden.

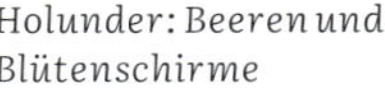

Holunder: Beeren und Blütenschirme

es in westlicher Richtung weiter. Unterwegs kommen wir an einer blühenden Wiesenfläche vorbei. Es handelt sich um das Projekt „Ökologie im Stadtpark" des Stadtpark Vereins und des NABU Hamburg. Viele heimische Wildblumenarten sollen hier Insekten wie Schmetterlingen und Hummeln einen neuen Lebensraum bieten. Und da sind auch schon zwei Falter, die über den Blüten gaukeln: ein Tagpfauenauge und ein Kleiner Fuchs.

Alte Heilpflanze

Nun spazieren wir weiter und kommen an einem Strauch vorbei, der gerade anfängt zu blühen. Es ist der ▸ **SCHWARZE HOLUNDER**. Er wächst im Stadtpark an mehreren Stellen und weist dort auf den hohen Nährstoffgehalt des Bodens hin. Die weißen Blütenschirme duften süßlich und bieten Fliegen, Käfern und anderen Insekten im Frühling jede Menge Pollen. Schon ab August ist der Strauch voller schwarzer Beeren, auch Fliederbeeren genannt. Darüber freuen sich Amseln und andere Vögel. Auch der Mensch weiß den Schwarzen Holunder für sich zu nutzen, denn aus seinen Blüten und Früchten lässt sich viel Schmackhaftes herstellen. Aus den Blüten beispielsweise Sirup und Limonade, aus den Früchten Saft und Marmelade. Da die Holunderbeeren leicht giftig sind, sollten sie nicht roh verzehrt werden. Der Schwarze Holunder ist auch eine alte Heilpflanze. So soll sein heißer Saft in der kalten Jahreszeit gut gegen Erkältungen helfen. Bevor es weitergeht, pflücken wir uns noch ein Holunderblatt und zerreiben es mit den Fingern. Es riecht längst nicht so angenehm wie die weißen Blüten dieses Strauchs.

Ein verdrehter Stamm

Es geht weiter in Richtung Sierichsches Gehölz. Vorbei an einer frisch gepflanzten *Weymouth-Kiefer*, deren Heimat Nordamerika ist, gelangen wir an das obere Ende der am großen Planschbecken beginnenden Spielwiese. Hier können wir eine hohe dreistämmige *Hänge-Birke* mit ihren zartgrünen Blättern bewundern oder eine vierstämmige *Rot-Buche*. Ihre hellgraue glatte Rinde erinnert an die Haut eines Elefanten. Wir entdecken auch eine alte *Rosskastanie*, deren dicker Stamm verdreht ist. Dadurch bekommt der Baum mehr Standfestigkeit und ist so besser vor Stürmen geschützt. Gehen wir auf der Wiese ein Stückchen in südlicher Richtung und überqueren einen Weg, gelangen wir in ein weiteres Areal des Baumlehrpfads. Hier können wir uns einige Arten aus der Gattung „Mehlbeere" anschauen, etwa die *Mehlbeere* oder die seltene *Elsbeere*. Der bekannteste Vertreter dieser Gattung ist wohl die *Eberesche*. Da Vögel ihre roten Früchte besonders lieben, wird sie auch Vogelbeere genannt. Nun besuchen wir einige imposante Bäume, die am Wegesrand, ganz in der

Tafel „Baumlehrpfad"

Nähe des Baumlehrpfads, stehen. Zuerst die beiden großen ▸ **TULPENBÄUME**. Sofort fallen uns ihre Blätter auf. Sie sind unverwechselbar. Jedes Blatt hat einen fast viereckigen Umriss und besitzt vier bis sechs zugespitzte Lappen. Im Herbst verfärben sich die Blätter der Tulpenbäume goldgelb. Jetzt suchen wir mal nach den Blüten. Sie sind gut im Blattwerk versteckt und ähneln in Größe und Form tatsächlich den Blüten von Tulpen. Tulpenbäume stammen aus dem östlichen Nordamerika und gehören zu den Magnoliengewächsen, einer uralten Pflanzenfamilie. Ihre Arten wuchsen schon zu Zeiten der Dinosaurier. Nicht selten wird die häufig in Gärten und Parks gepflanzte Tulpen-Magnolie fälschlicherweise als Tulpenbaum bezeichnet. Sie ist zwar mit diesem verwandt, doch eine ganz andere Art. Das zeigt sich schon an der länglich-ovalen Form ihrer Blätter. Sind die gelbgrünen Blüten unserer Tulpenbäume auch nicht leicht zu finden, so haben wir es später mit ihren zapfenähnlichen Früchten viel leichter. Sie bleiben nach dem Fall der Blätter noch einige Wochen an den Bäumen und sind dann gut zu sehen.

Futter für die Gespinstmotte

Ein paar Schritte weiter gelangen wir wieder an zwei prächtige Baumgestalten. Diesmal sind es *Walnussbäume*. Zwischen ihren gefiederten Blättern, die beim Zerreiben

Tulpenbaum mit typischen Laubblättern

TULPENBAUM
Liriodendron tulipifera

Familie Magnoliengewächse

Höhe bis zu 40 m

Rinde grau, tief längsrissig

Blatt glattrandig, fast viereckig, in vier bis sechs Lappen geteilt

Blüte gelbgrün, glockenförmig

Blütezeit Mai bis Juni

Frucht zapfenförmig

Vorkommen Parks, Friedhöfe, große Gärten

Wissenswertes In Parks ist der großwüchsige Tulpenbaum wegen seiner attraktiven Blüten und seiner schönen Herbstfärbung immer ein Hingucker. Seine Blüten sind außerdem eine gute Bienenweide. Da der Tulpenbaum Hitze und Trockenheit toleriert, könnte er in der Stadt Bäume wie die Rosskastanie und andere Arten ersetzen, die durch den Klimawandel geschädigt werden.

Blüten und Früchte der Frühen Traubenkirsche

aromatisch duften, entdecken wir die grünen, noch unreifen Früchte. Erst im September platzen sie auf und legen die bekannten Walnüsse frei. Und noch ein Baum mit Nüssen liegt auf unserem Weg. Es ist eine *Baum-Hasel*. Im Gegensatz zum Haselstrauch sitzen ihre Nüsse zu mehreren nebeneinander und sind von einer tief zerschlitzten Hülle umgeben. Bevor wir jetzt die Otto-Wels-Straße überqueren, kommen wir noch an einem *Winterschneeball* vorbei und genießen den angenehmen Vanilleduft seiner blassrosa Blüten. In manchen Jahren fängt er schon im November an zu blühen. Jetzt nähern wir uns dem Sierichschen Forsthaus. In diesem denkmalgeschützten Gebäude wohnte früher der Förster des Sierichschen Gehölzes. Heute ist es Sitz des Stadtparkvereins. Wir entdecken wieder einen schön blühenden Strauch. Diesmal ist es eine ▸ **FRÜHE TRAUBENKIRSCHE**. Diese zur Familie der Rosengewächse gehörende Pflanze hat ihren Namen von den in Trauben angeordneten Blüten und Früchten. Die kleinen weißen Blüten riechen ein wenig streng, was Schwebfliegen, Bienen, Schmetterlinge und andere Insekten aber nicht davon abhält, ihren Nektar zu trinken und sie dabei gleichzeitig zu bestäuben. Für Schmetterlinge sind auch die Blätter der Frühen Traubenkirsche interessant. Sie dienen den Raupen mancher Nachtfalter als begehrte Nahrung. Dazu gehört auch die Traubenkirschen-Gespinstmotte. Leider kommt es nicht selten zu einem Massenbefall durch

FRÜHE TRAUBENKIRSCHE

Prunus padus

Familie Rosengewächse

Höhe bis zu 18 m

Rinde flach mit länglichen Rissen

Blatt eiförmig bis elliptisch, Rand schwach gezähnt

Blüte lange weiße Blütentrauben

Blütezeit April bis Mai

Frucht traubige Fruchtstände aus kugeligen schwarzen Steinfrüchten

Vorkommen Auwälder, Waldränder, Parks, Friedhöfe, Gärten

Wissenswertes Während die Frühe Traubenkirsche zu den einheimischen Pflanzen zählt, ist die etwas später blühende Späte Traubenkirsche ein Neophyt. Ihre Heimat ist Nordamerika. Von dort gelangte sie im Jahre 1623 als Ziergehölz nach Europa. Seitdem breitet sie sich schnell aus und dringt auch in wertvolle Biotope wie Heiden, Magerrasen und Feuchtgebiete vor.

Blick vom Planetarium in das Sierichsche Gehölz

ihre kleinen Raupen. Dann ist die ganze Frühe Traubenkirsche von einem silbrig glänzenden Netz aus Spinnfäden überzogen. Haben die Raupen schließlich ihre Fresstätigkeit eingestellt und sich verpuppt, erholt sich die Pflanze oft wieder. Auch Vögel wissen die Frühe Traubenkirsche zu schätzen, picken sie doch gern die Raupen von den Blättern und fressen die zuerst rot, dann glänzend schwarz gefärbten kirschenähnlichen Steinfrüchte.

Alter Laubmischwald

Langsam neigt sich unser baumkundlicher Spaziergang durch den Stadtpark dem Ende zu. Doch vorher gehen wir noch ein bisschen weiter durch das Sierichsche Gehölz, das auch den imposanten Backsteinbau des Planetariums beherbergt. Dieser kleine Laubmischwald ist der älteste Teil des Stadtparks. Sein weit über hundert Jahre alter Baumbestand konnte großenteils der Abholzung nach dem Zweiten Weltkrieg entgehen. Bevor wir schließlich das Sierichsche Gehölz verlassen, geht es noch ein Stückchen durch den ehemaligen Kurgarten. Hier konnten Hamburgerinnen und Hamburger Anfang des letzten Jahrhunderts in einer von Fritz Schumacher gestalteten Trinkhalle gesundes Heilwasser zu sich nehmen. Das ist heute längst vorbei. Dafür können wir uns aber noch ganz gemütlich ins Café setzen und unseren schönen Stadtparkspaziergang Revue passieren lassen. •

Die Luthereiche

Im Hamburg-Uhlenhorst wächst nördlich des Kuhmühlenteichs an der Straße Immenhof ein ganz besonderer Baum. Er steht auf dem Grundstück der evangelisch-lutherischen St.-Gertrud-Kirche und soll an den Reformator Martin Luther (1483–1546) erinnern. Diese sogenannte „Luthereiche“ wurde hier im Jahre 1883 anlässlich des 400. Geburtstags Martin Luthers gepflanzt. Der Baum, eine **STIEL-EICHE** (Quercus robur), ist von einem fünf Jahre später errichteten Kreis aus acht mit neugotischen Elementen versehenen Obelisken umgeben. Sie symbolisieren die fünf althamburgischen Kirchspiele St. Petri, St. Nikolai, St. Catharinen, St. Jacobi, St. Michaelis sowie die drei ehemaligen Vorstadtkirchen St. Pauli, St. Georg und St. Gertrud. Auf der Außenseite der aus Sandstein bestehenden Obelisken befindet sich jeweils die Reliefffigur eines Heiligen. Auf den Innenseiten wird mit eingravierten Lutherworten an Stationen der Reformation erinnert. Kurz nach dem Zweiten Weltkrieg, im Jahr 1946, wurde die Luthereiche wegen des akuten Brennholzbedarfs der Bevölkerung gefällt. Kurz darauf pflanzte man eine neue, die mittlerweile wieder zu einem stattlichen Baum herangewachsen ist.

➔ Zur Luthereiche gelangt man mit der U3 bis Mundsburg oder Uhlandstraße und mit der U1 bis Wartenau. Von diesen Stationen sind es dann nur noch kürzere Fußwege.

Woraus besteht ein Baum?

Ein Baum ist eine ausdauernde Holzpflanze. Er hat einen mehr oder weniger langen Hauptstamm, der sich auch gabeln kann. Die vom Stamm ausgehenden und sich verzweigenden Äste bilden die Baumkrone.

Blatt
Das Blatt ist ein wichtiges Bestimmungsmerkmal eines Baums. So sieht ein Eichenblatt ganz anders aus als ein Kastanienblatt. Im Blatt läuft die Photosynthese ab. Dabei werden Wasser aus den Wurzeln und Kohlendioxid aus der Luft mithilfe von Sonnenenergie in Zucker und Sauerstoff verwandelt.

Baumkrone
Die Krone eines Laubbaums sieht anders aus als die Krone eines Nadelbaums. Der Laubbaum hat oft eine rundliche Krone. Beim Nadelbaum ist sie meist kegelförmig.

Stamm

Der Stamm eines Baums verbindet die Wurzeln mit der Krone. Das harte Kernholz im Inneren sorgt für Stabilität und Standfestigkeit, so dass der Baum auch bei einem Sturm meist nicht umfällt. Außerdem transportiert der Stamm in seinen Gefäßen Wasser von den Wurzeln zu den Blättern. Die dort gebildeten Nährstoffe wandern durch die Siebröhren in umgekehrte Richtung bis in die Wurzel.

Rinde

Die Rinde ist die Haut des Baums. Sie besteht aus drei Schichten. Innen liegt das Kambium. Es sorgt dafür, dass der Stamm dicker und kräftiger wird und so weiter nach oben wachsen kann. Daran schließt sich der Bast an. In ihm verlaufen die Siebröhren. Die äußere Schicht heißt Borke. Sie besteht aus abgestorbenen Bastzellen. Die Borke schützt den Baum vor Hitze, Kälte und anderen Einwirkungen. Ihr Aussehen hilft ebenfalls bei der Bestimmung.

Frucht

Die Frucht ist ein weiteres wichtiges Bestimmungsmerkmal eines Baums. So kann man eine Eiche leicht an ihren Eicheln und eine Kiefer an ihren kugeligen Zapfen erkennen.

Friedhof Ohlsdorf 7

»Die Freude und Sehnsucht nach der Natur berechtigen besonders die Großstädter, Friedhöfe so weit wie nur möglich mit Baumwerk auszugestalten. Eine Wanderung still unter Bäumen, ein stilles Bankplätzchen unter Bäumen, das ist allgemein der Wunsch.«

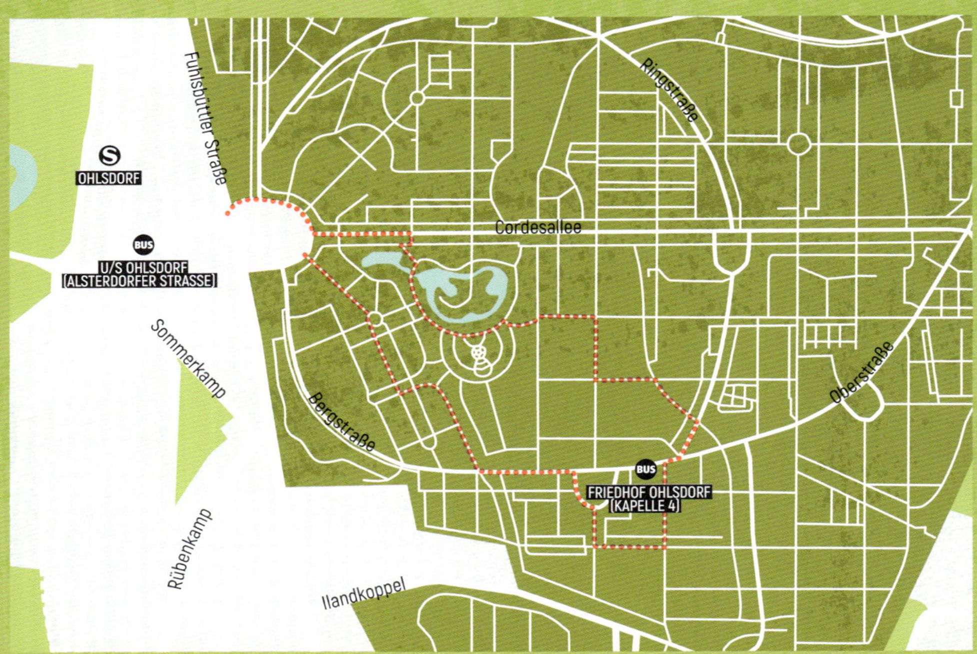

ANFAHRT

Neun Eingänge, davon fünf nur für Fußgänger. Haupteingang Fuhlsbüttler Straße: U-Bahn (U1) und S-Bahn (S1, S11) bis Ohlsdorf. Buslinien 172, 179 bis Ohlsdorf.

ÖFFNUNGSZEITEN

April bis Oktober 9 bis 21 Uhr, November bis März 9 bis 18 Uhr täglich. Die Tore für Fußgänger sind ganzjährig von 7-21 Uhr geöffnet.

Informationshaus beim Haupteingang: täglich (außer Mittwoch) 8 bis 16 Uhr; kostenloses Informationsmaterial (z.B. einen Friedhofsplan). Museum: montags, donnerstags und sonntags 10 bis 14 Uhr und nach Vereinbarung; Eintritt

INFO

- Das Friedhofsgelände ist für den Durchgangsverkehr gesperrt.
- Auf dem Friedhof verkehren die Buslinien 170 und 270.
- Hunde sind auf dem Ohlsdorfer Friedhof nicht zugelassen (ausgenommen Blindenführhunde).
- Der Förderkreis Ohlsdorfer Friedhof e.V. (www.fof-ohlsdorf.de, Telefon 040/50053387) veranstaltet geführte Rundgänge zu verschiedensten Themen.

Von den Gedanken des Eingangszitats hatte sich der erste Friedhofsdirektor Johann Wilhelm Cordes (1840–1917) leiten lassen, als er den größten Parkfriedhof der Welt anlegte, der auf der Pariser Weltausstellung 1900 mit einem »Grand prix« ausgezeichnet wurde. Mit fast 400 Hektar und einem ausgedehnten Wegenetz ist der 1877 eröffnete Ohlsdorfer Friedhof auch Hamburgs größte Grünanlage. Allein 460 Arten von Laub- und Nadelgehölzen kann der Pflanzenfreund entdecken. Dabei überwiegen die Laubgehölze. Der kunstvoll als Park gestaltete Friedhof ist nicht nur ein Ort für Trauer und Gedenken, er bietet auch Ruhe und Besinnlichkeit als Gegengewicht zum pulsierenden Großstadtleben.

Naturvielfalt und frische Luft

Schon beim Betreten des Ohlsdorfer Friedhofs fühlt sich der Besucher in eine zauberhafte Pflanzenwelt versetzt. Und die zeigt sich immer wieder in neuem Gewand. Im Frühling erscheint das erste zarte Grün der Bäume und Sträucher. Später tauchen dann unzählige Rhododendron- und Azaleenbüsche die Parklandschaft in ein Meer von Blüten. Hier leuchtet es lila, dort gelb und weiter hinten weinrot. Auch der Herbst hat mit seinen bunten Früchten und dem farbenfrohen Laub einiges zu bieten. Ins Auge fallen auf dem Ohlsdorfer Friedhof natürlich überall die prächtigen Bäume. 36 000 Exemplare sollen es sein. Viele von ihnen sind über hundert Jahre alt. Neben zahlreichen einheimischen Arten wie der Stiel-Eiche oder dem Spitz-Ahorn wachsen hier auch fremdländische Bäume wie die Kaukasische Flügelnuss oder die Chilenische Araucarie, auch Andentanne genannt. Baumraritäten wie die Lindenblättrige Birke oder der Zimt-Ahorn sind auf dem Friedhof ebenfalls zu finden. Die Vielfalt der Flechten, die an den Bäumen siedeln, zeigt an, dass die Luft hier viel besser ist als in anderen Stadtbereichen. Das ist vor allem den vielen Bäumen und Sträuchern zu verdanken. Sie filtern Schadstoffe aus der Luft, produzieren durch ihre Fotosynthese lebenswichtigen Sauerstoff und binden gleichzeitig das klimaschädliche Kohlendioxid.

BÄUME UND STRÄUCHER AUF DER STRECKE

- Ahornblättrige Platane
- Sommer-Linde
- Esche
- Haselstrauch
- **Gemeine Eibe**
- Scheinzypresse
- Rot-Buche
- **Spitz-Ahorn**
- **Berg-Ahorn**
- Hänge-Birke
- Stiel-Eiche
- Sommer-Linde
- **Holländische Ulme**
- Wildbirne
- Trauer-Buche
- **Rhododendron**
- **Europäische Lärche**

Stockente auf Nahrungssuche

Wandeln auf dem Naturlehrpfad

An einem milden Frühlingsmorgen Anfang Juni lassen wir die Fuhlsbüttler Straße mit ihrem lauten Feierabendverkehr hinter uns und machen uns durch den Haupteingang auf den Weg in die Weiträumigkeit und Stille des Friedhofs. Wir halten uns rechts und gehen ein Stückchen die Cordesallee entlang. Auf beiden Seiten stehen *Ahornblättrige Platanen*. Ihre Blätter ähneln tatsächlich denen des Ahorns. Diese Pflanzen sind beliebte Straßenbäume, da sie die Abgase der Autos recht gut vertragen. Nach einigen Schritten erreichen wir den Südteich, auf dem eine Stockente gerade dabei ist, die kleinen grünen Blättchen der Wasserlinse, auch Entengrütze genannt, zu fressen. Am Teichufer stehen eine alte *Sommer-Linde*, *Eschen* und mehrere andere mächtige Bäume. Jetzt überqueren wir die kleine Brücke mit dem schönen schmiedeeisernen Geländer und wollen nun auf dem anderthalb Kilometer langen Naturlehrpfad spazieren. Der bietet auf 29 Tafeln interessante Informationen über die Tier- und Pflanzenwelt des Friedhofsareals. Und da ist auch schon eine Tafel, die auf einen hinter ihr wachsenden *Haselstrauch* hinweist. Seine männlichen Blütenstände, die Kätzchen, sind aber bereits verblüht. Das freut den Allergiker, denn er muss keinen vom Wind verbreiteten Pollen dieser Pflanze mehr fürchten. Die schmackhaften Haselnüsse können wir jetzt noch nicht pflücken, denn sie reifen erst zwischen August und Oktober. Dann freut sich auch das Eichhörnchen darüber. Es knackt sie nicht nur, sondern vergräbt auch einige von ihnen als Wintervorrat. Kurz vor dem Rosengarten entdecken wir eine beeindruckende ▸**GEMEINE EIBE**, die wegen ihres säulenförmigen Wuchses auch Säuleneibe genannt wird. Da diese Pflanze einige Hundert Jahre alt werden kann, gilt sie als Symbol für das ewige Leben. Sie ist ein Geschenk an den Ohlsdorfer Friedhof anlässlich der Weltausstellung in Paris im Jahr 1900. Obwohl die Eibe eine sehr giftige Pflanze ist, stehen ihre im Herbst gebildeten roten Früchte bei der Amsel und anderen Vögeln hoch im Kurs. Allerdings fressen sie nur den saftigen Samenmantel, den Arillus. Der ist nämlich nicht giftig. Den Kern scheiden die Vögel unverdaut wieder aus. So sorgen sie für die Verbreitung dieses immergrünen Nadelgewächses. Im Spätmittelalter galt das harte und elastische Holz der Eibe als gefragtes Material für den Bogen- und Armbrustbau.

Wildbienen und Nashörner

Rechts haben wir einen schönen Blick auf den Rosengarten mit dem Cordes-Denkmal im Hintergrund. Auf beiden Seiten dieses Denkmals wachsen hohe *Scheinzypressen*. Im Sommer blühen im Rosengarten etwa 2700 Rosen, darunter auch alte Sorten, wie sie schon zur Zeit der Griechen und Römer und in den Klöstern des Mittelalters gepflanzt wurden. Auf der linken Seite unseres Wegs wachsen meh-

Säuleneibe und ihre Früchte

GEMEINE EIBE
Taxus baccata

Familie Eibengewächse

Höhe bis zu 15 m

Rinde grau- bis rotbraune Schuppenborke

Blatt Nadeln weich und biegsam; Oberseite glänzend dunkelgrün, Unterseite hellgrün

Blüte Unscheinbar. Es gibt Pflanzen mit männlichen und Pflanzen mit weiblichen Blüten; männliche Blüten kugelig, längs der Unterseite der Triebe, weibliche Blüten grüne Zäpfchen in den Blattachseln

Blütezeit März bis April

Frucht Same von rotem, becherförmigem Mantel, dem Arillus, umgeben

Vorkommen Gärten, Parks und Friedhöfe

Wissenswertes Eiben sind als Hecken und Formgehölze sehr beliebt. So finden sie sich beispielsweise in der Nähe des Haupteingangs des Ohlsdorfer Friedhofs bei der großen Christusstatue in säulenförmig geschnittener Form. Da Eiben bis auf den roten Samenmantel äußerst giftig sind, sollten Eltern auf eine Pflanzung im Garten verzichten. Sonst könnten die Kinder die verlockenden Früchte essen und sich am hochtoxischen Samenkern vergiften.

SPITZ-AHORN
Acer platanoides

Familie Seifenbaumgewächse

Höhe bis zu 30 m

Rinde dunkelbraun, längs gerippt

Blatt fünf- bis siebenlappig, mit endständigen Spitzen, Blattrand glatt

Blüte gelblich-grüne kugelige Blütenstände, Blüten zwittrig oder eingeschlechtig

Blütezeit April bis Mai

Frucht Die Flügel der Früchte stehen fast einander gegenüber.

Vorkommen Wälder, Parks, Friedhöfe und als Straßenbaum

Wissenswertes Das rötliche, schön gemaserte Holz des Spitz-Ahorns ist in der Tischlerei und als Möbelholz geschätzt. Der Name „Spitz-Ahorn" kommt zum einen von den zugespitzten Lappen seiner Blätter, zum anderen von dem Spaß, sich die unreifen Fruchthälften auf die Nase zu kleben und so zu einem „Nas-Horn" zu werden.

Blütenstände und Flügelfrüchte des Spitz-Ahorns

rere *Rot-Buchen*, die voller Bucheckern sind. Hier steht auch ein orangefarbenes Informationselement. Es macht uns auf eine Sichtachse aufmerksam: In weiterer Entfernung, auf der anderen Seite der Cordesallee, sehen wir den Cordesbrunnen. Dieser liegt mit der Insel im Südteich, dem Rosengarten und dem Cordes-Denkmal auf einer Achse. Bei unserem weiteren Baumspaziergang über den Friedhof verlassen wir uns auf die ins Auge fallenden Steine mit den weißen Richtungspfeilen. Vorbei geht's an einer kleinen Wiese mit verschiedenen Wildpflanzen wie Kamille, Wegwarte oder Fenchel. Sie sollen den vom Aussterben bedrohten Wildbienen Nahrung und Nistmöglichkeit bieten.
Vor einem ▸ **SPITZ-AHORN** bleiben wir stehen. Er verdankt seinen Namen der charakteristischen Form der Blätter. Sie bestehen aus fünf bis sieben am Ende zugespitzten Lappen. Dieser Baum mit der breiten Krone sticht zweimal im Jahr besonders ins Auge. Im Frühjahr zeigt er schon vor dem Austreiben der Laubblätter seine gelblichgrünen kugeligen Blütenstände. Das freut die Bienen, die hier Nektar in Hülle und Fülle finden. Im Herbst leuchten die Blätter des Spitz-Ahorns in gelben und roten Farbtönen. Unser Spitz-Ahorn ist bereits verblüht und wird bald voller Früchte sein. Jede Frucht besteht aus zwei fast einander gegenüberstehenden Flügeln. Beim Herunterfallen dreht sie sich wie ein kleiner Propeller und fliegt mit Glück zu einer Stelle, wo sie später keimen kann. Der Volksmund nennt die Frucht auch

„Nasenzwicker", weil Kinder sich ihre Hälften gern auf die Nase setzen, aber nicht nur die.

Lebensraum für Käfer und Schmetterlinge

Jetzt gehen wir nach rechts und sehen schon von weitem die Kapelle vier. Am Wegesrand wachsen Gänseblümchen, Hahnenfuß und vereinzelt Schöllkraut und Roter Fingerhut. Dann geht's nach links, und nach einigen Schritten erreichen wir die nächste weiße Hinweistafel. Diesmal informiert sie uns über den ▸ **BERG-AHORN.** Unser Exemplar ist schon älter. Das erkennen wir an seiner Rinde. An einigen Stellen ist sie nämlich schuppig abgeblättert wie bei einer Platane. Die hängenden, grünen Blütentrauben erscheinen beim Berg-Ahorn gleichzeitig mit den Blättern. Diese sind im Gegensatz zu den Blättern des Spitz-Ahorns nicht so stark zugespitzt. Auch die Früchte des Berg-Ahorns sehen anders aus. Ihre Flügel bilden jeweils einen rechten bis spitzen Winkel miteinander. Der Berg-Ahorn wächst im Gebirge und dort gebietsweise sogar bis zur Baumgrenze. Bei uns hat er kein natürliches Vorkommen. Er wird aber gern in Wald und Park gepflanzt. Ein besonders prächtiges Exemplar eines Berg-Ahorns wächst im Hirschpark in Nienstedten. Er besitzt eine mächtige halbkugelförmige Krone und ist der einzige „Nationalerbe-Baum" in Hamburg.

Blütentrauben und Flügelfrüchte des Berg-Ahorns

BERG-AHORN
Acer pseudoplatanus

Familie Seifenbaumgewächse

Höhe bis zu 30 m

Rinde graubraune Schuppenborke

Blatt fünflappig, Blattrand unregelmäßig grob gesägt

Blüte hängende grünliche Blütentrauben, Blüten zwittrig oder eingeschlechtig

Blütezeit Mai bis Juni

Frucht Flügel der Früchte fast rechtwinklig gespreizt

Vorkommen Wälder, Parks und Friedhöfe

Wissenswertes Der Berg-Ahorn ist unsere größte Ahornart und kann über 500 Jahre alt werden. Er bietet verschiedenen Schmetterlings-, Käfer- und Wildbienenarten Lebensraum. Der Berg-Ahorn gehört zu den Edellaubhölzern. Sein hochwertiges Holz wird beispielsweise zum Bau von Musikinstrumenten verwendet. Als Straßenbaum ist der Berg-Ahorn nicht so gut geeignet, da er empfindlich gegen Streusalz ist.

Alter Knick mit Stiel-Eichen

Nun spazieren wir weiter und erreichen nach einigen Schritten eine hohe *Hänge-Birke*, die unten auf der nach Westen gerichteten Seite mit Moos bewachsen ist. Das ist kein Wunder bei den vorherrschenden feuchten Westwinden. An der Hänge-Birke wenden wir uns nach rechts und gehen ein Stückchen geradeaus auf einem schmalen, schattigen Weg. Der wird von einem niedrigen Erdwall begleitet, auf dem neben anderen Pflanzen in gewissen Abständen mehrere alte *Stiel-Eichen* wachsen. Was wir hier sehen, ist der Rest eines ehemaligen „Knicks". Der Knick stammt aus der Zeit vor Entstehung des Friedhofs. Damals legten die Bauern Knicks an, um ihre Weideflächen vor Wind zu schützen. Die auf den Erdwällen wachsenden Bäume und Sträucher wurden dabei immer wieder „geknickt", also regelmäßig zurückgeschnitten. Beim Aufbau der Friedhofsanlage Ende des 19. Jahrhunderts wurden die Knicks nicht entfernt, sondern bildeten ein Grundgerüst für die Flächenplanung. Deshalb sind ihre Verläufe auch heute noch an verschiedenen Stellen zu erkennen. Da die Bäume, wie unsere alten Stiel-Eichen, nicht mehr zurückgeschnitten wurden, konnten sie sich seit dieser Zeit ungestört weiter entwickeln.

Stiel-Eiche und Hängebirke

Die Nussfrüchte der Ulme (rechts) haben häutige Flügel.

Seltener Baum: Die Ulme

Wir überqueren nun die Oberstraße und gehen vor der Bushaltestelle nach links. Die große *Sommer-Linde* am Weg blüht gerade und verströmt einen zarten Duft. Schauen wir uns die Blüten einmal genauer an, dann sehen wir, dass jeweils zwei bis fünf von ihnen zu einem Blütenstand zusammengefasst sind. Der Stiel eines Blütenstands ist bis zur Hälfte mit einem flügelartigen Hochblatt verwachsen, das später den kugeligen Früchten als Flugorgan dient. Jetzt gelangen wir an einen Baum, der leider schon sehr selten geworden ist: eine ▸ **ULME.** Ihre roten Blüten erscheinen bereits Ende März, Anfang April und bieten den Bienen nach dem Winter erste Nahrung. Auch für Schmetterlinge ist die Ulme von Bedeutung. So fressen die Raupen des Ulmen-Zipfelfalters und des Großen Fuchses die Blätter dieses Baums. Die Ulme leidet unter dem weitverbreiteten Ulmensterben. Urheber ist der Große Ulmensplintkäfer. Er überträgt die Sporen einer bestimmten Pilzart auf den Baum. Die aus den Sporen wachsenden Pilzfäden verstopfen die Wasserleitungsbahnen der Pflanze und verhindern dadurch den Transport von Wasser und der darin gelösten Nährsalze. Dadurch kommt es zum Absterben der Blätter und letztlich des gesamten Baums. Bis heute ist noch kein wirksames Gegenmittel gegen das Ulmensterben gefunden worden. Der Baum, den

ULME
Ulmus x hollandica

Familie Ulmengewächse

Höhe bis zu 35 m

Rinde graubraun, längsrissig

Blatt Eine Blatthälfte ist größer als die andere; Blatthälften ungleich am Grunde des Blattstiels angesetzt, doppelt gesägter Blattrand

Blüte rot, zwittrig, in Büscheln

Blütezeit Ende März, Anfang April

Frucht flache Nussfrucht umgeben mit breitem, häutigem Flügel

Vorkommen durch das Ulmensterben selten – in Wäldern, Parks und auf Friedhöfen

Wissenswertes Die flache Nussfrucht der Ulme ist mit ihrem breiten, häutigen Flügel gut an die Verbreitung durch den Wind angepasst. Das Holz der Ulme hat eine schöne Maserung und wurde früher für Drechselarbeiten und Intarsien genutzt.

Die Rhododendronblüten sind ein Augenschmaus.

RHODODENDRON
Rhododendron catawbiense

Familie Heidekrautgewächse

Höhe bis zu 3 m

Rinde grau, feinrissig

Blatt länglich, dunkelgrün glänzend, glattrandig

Blüte trichterförmige Einzelblüten mit je nach Sorte unterschiedlicher Farbe

Blütezeit Mai bis Juni

Frucht Kapselfrucht

Vorkommen Gärten, Parks und Friedhöfe

Wissenswertes Die auf dem Ohlsdorfer Friedhof vorherrschende Rhododendron-Sorte „Rhododendron catawbiense" kann Wuchshöhen von bis zu sechs Metern erreichen. Auf dem Friedhof wächst auch eine besonders früh blühende Sorte. Die Vorfrühlings-Alpenrose zeigt ihre fliederfarbenen Blüten bereits im Februar und März. Im Sommer leiden viele Rhododendren an der Rhododendron-Zikade. Sie saugt die Blattsäfte.

wir gerade vor uns sehen, ist eine *Holländische Ulme*. Diese Kreuzung aus *Berg-* und *Feldulme* soll einige Widerstandskräfte gegen die schlimme Ulmenkrankheit entwickelt haben.

Farbenfroher Strauch

Nun geht's an einer *Wildbirne*, der Mutter aller Birnensorten, vorbei. Sie ist bereits verblüht. Dieser kleine Baum hat für die Tiere eine große Bedeutung. Verschiedene Insektenarten ernähren sich vom Nektar und Pollen seiner weißen Blüten. Das wiederum zieht insektenfressende Vögel wie die Mönchsgrasmücke oder den Zilpzalp an. Sie brüten auch gern auf der Wildbirne, da ihr Nest zwischen den bedornten Zweigen gut geschützt ist. Die Früchte der Wildbirne werden vom Siebenschläfer, Marder und manch anderem Tier geschätzt. Uns sind sie allerdings zu hart. Jetzt stoßen wir auf die Rückseite der Kapelle vier, vor der eine mächtige *Trauer-Buche* steht. Nach einigen Schritten auf der Bergstraße zeigt uns ein Stein mit weißem Richtungspfeil, wie es weitergeht. Auf der nächsten Informationstafel lesen wir: Strauch mit Migrationshintergrund. Gemeint ist der ▸ **RHODODENDRON**. Von den weltweit über tausend Arten dieser immergrünen Pflanze stammen die meisten aus Asien und Nordamerika. Nicht wenige dieser Exoten fanden dann nach und nach ihren Weg bis Europa. Es begann um das Jahr 1850 herum. Damals brachten die Engländer über vierzig unterschiedliche Arten aus Indien hierher. Später nahmen dann französische Missionare weitere asiatische Arten von ihren Reisen in die Heimat mit. Der erste Rhododendron auf dem Ohlsdorfer Friedhof wurde im Jahre 1884 gepflanzt. Mittlerweile wächst dieser schatten- und feuchtigkeitsliebende Strauch dort fast überall. Besonders lohnenswert ist ein Spaziergang Ende Mai, Anfang Juni. Dann taucht die Friedhofslandschaft in ein Meer von Blüten. Sehen die weißen, gelben, weinroten, violetten und orangefarbenen Rhododendren auch sehr attraktiv aus, für viele Insekten sind sie nicht so interessant, da sie nur wenig Nektar und Pollen bieten. Hummeln allerdings statten ihnen gern einen Besuch ab.

An einer größeren Grabstelle bleiben wir stehen. Die alten Grabsteine sind mit Moos bewachsen und teilweise mit Efeu berankt. Auch ein Farn ist zu sehen. Nach ein paar Schritten kommen wir zu einer riesigen *Trauer-Buche*. Hier ist auf einer weiteren Informationstafel etwas über den Wert eines Baums zu lesen. Es gibt zum einen seinen Geldwert und zum anderen seinen ökologischen Wert. Der Geldwert lässt sich mit bestimmten Methoden errechnen. Unsere Trauer-Buche ist demnach etwa 7000 Euro wert. Dieser Geldwert ist aber nur für Waldbesitzer von Interesse, die das Holz ihrer Bäume verkaufen wollen. Für alle von Bedeutung ist hingegen der ökologische Wert eines Baums. Denn er reinigt die Luft, indem er Feinstaub aus ihr herausfiltert und das schädliche Treibhausgas Kohlendioxyd in Sauerstoff umwandelt. Der Baum ist natürlich auch Lebensraum für Pflanzen wie Moose und Flechten sowie für Tiere wie Vögel und viele andere Arten. Uns tut der Baum gut, weil er den Verkehrslärm dämpft, an heißen Tagen kühlen Schatten spendet und durch die Verdunstung über seine Blätter für angenehme Luftfeuchtigkeit sorgt.

Besonders schön im Herbst und Frühling

Nun setzen wir den Weg fort und sehen nicht weit von unserer Strecke entfernt mehrere hochgewachsene ▸ **EUROPÄISCHE LÄRCHEN**. An ihren langen Stämmen hat sich Efeu mit seinen Haftwurzeln emporgerankt. Da die

EUROPÄISCHE LÄRCHE
Larix decidua

Familie Kieferngewächse

Höhe bis zu 40 m

Rinde tief gefurchte, rotbraune Schuppenborke

Blatt Die biegsamen und weichen Nadeln stehen in Büscheln an Kurztrieben und einzeln an Langtrieben.

Blüte Auf einem Baum gibt es männliche und weibliche Blüten. Die eiförmigen männlichen Blüten sind schwefelgelb und befinden sich an unbenadelten Kurztrieben. Die weiblichen Blüten sind rosa und stehen aufrecht an benadelten Trieben.

Blütezeit März bis Mai

Zapfen Die hellbraunen, eiförmigen Zapfen stehen aufrecht.

Vorkommen Wälder, Parks und Friedhöfe

Wissenswertes Die Europäische Lärche besitzt das schwerste und härteste Holz unserer Nadelbaumarten. Da es sehr haltbar ist und Feuchtigkeit verträgt, wird es gern im Außenbereich und im Wasserbau verwendet. Die Europäische Lärche kann Frost gut vertragen und kommt im Gebirge bis zur Baumgrenze vor.

rundlichen Sprossachsen dieser immergrünen Pflanzen sehr dick sind, muss der Efeu schon sehr alt sein, genau wie die Lärchen, auf denen er wächst. Das Gewicht der Kletterpflanzen lastet schwer auf den Lärchen, deshalb hat man ihre dicken Sprossachsen an vielen Stellen gekappt. Die Lärche ist der einzige Nadelbaum, der seine Nadeln im Herbst verliert, so wie es ja auch die Laubbäume mit ihren Blättern machen. Doch bevor die Nadeln abfallen, zeigt sich die Lärche noch in einer wunderschönen Färbung. In der Sonne erstrahlt sie in einem leuchtenden Goldgelb. Auch im Frühling sieht die Lärche sehr schön aus. Ihre vielen neuen Nadeln geben dem Baum einen frischen hellgrünen Ton. Die Lärche hat von allen Nadelbäumen das härteste Holz. Es wird gern als Bau- und Möbelholz genutzt. Auch Vogelhäuschen werden oft aus Lärchenholz gefertigt, da es sehr haltbar und wetterbeständig ist.

Unser Baumspaziergang auf dem Ohlsdorfer Friedhof neigt sich dem Ende zu. Doch bevor es nach Hause geht, wollen wir noch einmal testen, ob wir die bei der nächsten Informationstafel aufgehängten Baumstämme an ihrer Rinde erkennen. Die Eiche mit der längsrissigen und die Birke mit ihrer hellen Färbung sind leicht zu erkennen. Doch bei den anderen Baumstämmen fällt es uns schon schwerer. •

Europäische Lärche mit Herbstfärbung (links)

Der Nationalerbe-Baum

Im Hirschpark, gelegen im Hamburger Stadtteil Nienstedten, wächst ein ganz besonderer **BERG-AHORN** {*Acer pseudoplatanus*}. Dieses prächtige Exemplar erhielt im Jahre 2020 von der Deutschen Dendrologischen Gesellschaft als bisher einziger Baum in der Hansestadt den neu geschaffenen Status „Nationalerbe-Baum“, womit die Vereinigung auf die nationale Bedeutung dieser beeindruckenden Baumgestalt hinweisen will. Der Berg-Ahorn mit seiner mächtigen, halbkugelförmigen Krone ist etwa 270 Jahre alt, hat einen Stammumfang von stolzen 5,55 Metern und eine Höhe von 22 Metern. Damit er in Würde noch viele weitere Jahre erleben kann, wird er geschützt, gepflegt und geachtet. In Deutschland gibt es bereits mehrere Nationalerbe-Bäume. Hundert dieser auch „Uralt-Bäume“ genannten Exemplare sollen in den kommenden Jahren noch dazukommen. Gemeint sind damit Bäume, die einen Stammumfang von mindestens vier Metern besitzen und zwischen 500 und 1000 Jahre alt werden können. Und von diesen – sich ungestört entwickelnden – Bäumen gibt es leider nur noch sehr wenige. Die meisten fallen frühzeitig der Kettensäge zum Opfer oder sterben durch schädigende Umwelteinflüsse vorzeitig ab.

➜ Zum Hirschpark gelangt man am besten mit der S1 bis Blankenese. Dann geht's über Bahnhofstraße, Godeffroystraße und Pepers Diek zum Haupteingang des Parks. Jetzt sind es nur noch wenige Schritte geradeaus auf einem von hochgewachsenen Linden gesäumten Weg, und schon zeigt sich der Berg-Ahorn in seiner ganzen Pracht.

Der Baum als Lebensraum

Krone

Die Krone mit ihren Ästen, Zweigen, Blättern, Blüten und Früchten ist ein Eldorado für viele Tierarten. Die Zahl der Insekten und Spinnen, die hier oben leben, geht in die Hunderte. Auf den Ästen und Zweigen bauen Buchfinken und andere Vögel ihre Nester und Eichhörnchen ihre Kobel. Doch die Tiere wohnen nicht nur in der Krone. Viele nutzen sie auch als Nahrungsquelle. Schmetterlingsraupen fressen von den Blättern, Bienen und Hummeln laben sich am süßen Nektar der Blüten und Eichelhäher und Co. wissen die Früchte zu schätzen. Nicht alle in der Krone lebenden Tiere tun dem Baum gut. Dazu gehören etwa Blattläuse oder die Larven der Rosskastanienminiermotte, die in den Blättern der Rosskastanie leben.

Stamm
Am Stamm eines Baums picken sich Vögel wie Baumläufer und Kleiber Insekten, deren Eier und Larven aus den Ritzen der Rinde. Das macht auch der Buntspecht und füttert damit seinen hungrigen Nachwuchs, der in der selbstgezimmerten Baumhöhle auf ihn wartet. Wird die Höhle wieder frei, ziehen „Nachmieter" wie Stare, Siebenschläfer oder Fledermäuse ein. Die am Stamm lebenden Vögel und Säugetiere sind kein Problem für den Baum, wohl aber der Borkenkäfer. Seine Bohrgänge unterbrechen die in der Rinde von Fichte und anderen Arten verlaufenden Leitungsbahnen, was bei Massenbefall zu deren Tod führen kann.

Wurzel
Im Wurzelbereich eines Baums leben neben Insekten, Asseln, Würmern, Schnecken und Mäusen auch viele Bakterien und Pilze. Manche Pilze gehen mit dem Baum eine Symbiose ein, also eine Lebensgemeinschaft zu gegenseitigem Nutzen. Bei dieser sogenannten „Mykorrhiza" liefern die Pilze Wasser und Nährsalze. Dafür erhalten sie vom Baum im Gegenzug Zucker aus seiner Photosynthese.

Wohldorfer Wald 8a

Diese etwas längere Tour geht durch die beiden Naturschutzgebiete Wohldorfer Wald und Duvenstedter Brook. Der im Nordosten Hamburgs, südlich des Duvenstedter Brooks gelegene 278 Hektar große Wohldorfer Wald gehört den Gemarkungen Wohldorf und Ohlstedt an.

ANFAHRT

U1 bis Ohlstedt. Der Bahnhof ist Start- und Endpunkt des längeren Baumspaziergangs durch die beiden Naturschutzgebiete. Zuerst geht es durch den Wohldorfer Wald, anschließend durch den Duvenstedter Brook und schließlich wieder durch den Wohldorfer Wald zurück zum Bahnhof Ohlstedt.

SONSTIGES

- Der NABU bietet naturkundliche Führungen an, die sich genauer mit der Entstehung sowie der Pflanzen- und Tierwelt der beiden Naturschutzgebiete beschäftigen.
- Im Wohldorfer Wald gibt es einen boden- und einen heimatkundlichen Lehrpfad.

INFO

- Eine Wanderkarte für die beiden Naturschutzgebiete gibt es unter: hamburg.de/wohldorfer-wald

Die hügelige Landschaft des Wohldorfer Waldes mit ihren Bächen und feuchten Senken entstand vor rund 18 000 Jahren während der Weichsel-Eiszeit. Die Gletscher türmten an ihren Rändern herantransportierte Gesteinsmassen zu Hügeln, den Endmoränen, auf. Einige der in den Moränen eingeschlossenen Eisblöcke blieben auch nach dem Abtauen der Gletscher noch längere Zeit erhalten. Die über den sehr langsam abschmelzenden Eisblöcken liegenden Böden sackten allmählich ab, und es bildeten sich abflusslose Senken. Da die ehemals aufliegenden Eismassen das Moränenmaterial sehr stark verdichtet hatten, konnte das Niederschlagswasser nur oberflächlich abfließen. So entstanden die vielen kleinen Bäche im Wohldorfer Wald.

BÄUME UND STRÄUCHER AUF DER STRECKE

- Hainbuche
- Stiel-Eiche
- Berg-Ahorn
- **Rot-Buche**
- **Haselstrauch**
- Schwarz-Erle
- **Feld-Ahorn**
- Weißdorn
- Pfaffenhütchen
- Hecken-Rose
- **Schlehe**

Das älteste Forstrevier der Hansestadt

Der Wohldorfer Wald ist Hamburgs größtes zusammenhängendes Laubwaldgebiet. Er ist gleichzeitig auch das älteste Forstrevier der Hansestadt. Seine Bewohner konnten hier schon seit dem Jahr 1770 auf vielen Wegen Ruhe und Erholung finden. Aufgrund der hügeligen Landschaft mit ihren Bächen, Gräben und Senken trifft der Spaziergänger im Wohldorfer Wald ganz unterschiedliche Waldformen auf engem Raum an. Im Laubwald kann der Baumfreund über 200 Jahre alte Eichen und Buchen entdecken. Aber auch stattliche Ahorne, Hainbuchen und Hasel sind hier vertreten. In den feuchten Senken wachsen Erlen- und Weidenbruchwälder. Und entlang des Flüsschens Ammersbek hat sich an einigen Stellen Auwald mit Erlen und Eschen entwickelt. Nur selten sieht der Spaziergänger im Wohldorfer Wald auch mal eine Kiefer oder einen anderen Nadelbaum. Dafür fallen ihm umso mehr die umgestürzten Bäume und die verschiedenen Baumruinen auf. Hier im Naturschutzgebiet werden sie nicht entfernt, denn sie bilden die Lebensgrundlage für Pilze, Insekten und andere Waldbewohner.

Heute, an diesem sonnigen Herbsttag, freuen wir uns über einen längeren Baumspaziergang durch die beiden benachbarten Naturschutzgebiete. Zuerst geht es ein Stückchen durch den Wohldorfer Wald, den wir vom Bahnhof Ohlstedt aus über die Alte Dorfstraße und den Melhopweg in wenigen Minuten erreichen. Bei den hölzernen Informationstafeln

ROT-BUCHE
Fagus sylvatica

Familie Buchengewächse

Höhe bis zu 40 m

Rinde glatt und hellgrau

Blatt eiförmig bis elliptisch, Rand leicht gewellt

Blüte männliche hängende Blütenstände und weibliche aufrecht stehende Blütenstände auf einem Baum

Blütezeit April bis Mai

Frucht weichstacheliger Becher mit dreikantigen Nüssen

Vorkommen Wälder, Parks, Friedhöfe, größere Gärten

Wissenswertes Die Rot-Buche ist der häufigste Laubbaum in unseren Wäldern. Wie wichtig sie für die Atmung des Menschen ist, zeigt dieses Beispiel: Eine 150-jährige Rot-Buche hat rund 800 000 Blätter, mit denen sie an einem sonnigen Tag durch Photosynthese etwa 11 000 Liter Sauerstoff produziert. Das entspricht in ungefähr dem Tagesbedarf von 26 Menschen.

Das Blättermeer der Rot-Buchen sorgt für gute Waldluft.

gehen wir nun nach rechts in den alten Laubwald. Gleich beim Betreten fühlen wir uns in eine ganz andere Welt versetzt. Es ist stiller geworden. Wir hören nur das Rascheln des Bodenlaubs und hier und da einen Vogelruf. Mal ist es ein Eichelhäher, mal ein Rotkehlchen oder ein Buntspecht.

Tagesbedarf an Sauerstoff für 26 Menschen

Die Sonne hat die Herbstblätter in den Kronen der hochgewachsenen alten Laubbäume zum Leuchten gebracht. Um welche Baumarten es sich handelt, können wir schon an den auf dem Waldboden liegenden Blättern erkennen. Es sind überwiegend *Eichen*, *Hainbuchen*, *Ahorne* und *Buchen*. Die Eichen sind meist *Stiel-Eichen*, die Ahorne *Berg-Ahorne*, und die vielen Buchen sind ▸ **ROT-BUCHEN**. Vor einer bleiben wir kurz stehen. Ihre hellgraue glatte Rinde erinnert an die Haut eines Elefanten. Rot wie bei der Blutbuche sind die Blätter der Rot-Buche allerdings nicht. Das „Rot" im Namen bezieht sich auf die Farbe des leicht rötlich gefärbten Holzes dieses Laubbaums. Es wird zu Möbeln verarbeitet und findet Verwendung in der Herstellung von Wäscheklammern, Frühstücksbrettern und anderen Alltagsgegenständen. Wir entdecken jetzt auch die Früchte der Rot-Buche, die Bucheckern. Ihre dreieckigen, ölreichen Samen sind leicht giftig und sollten deshalb lieber nicht verzehrt werden. Für einige Tiere sind Bucheckern aber eine wichtige Nahrung. Manche

Arten wie die Rötelmaus und das Eichhörnchen legen für den Winter sogar Depots aus Bucheckern an. Da sie nicht jedes Versteck behalten, können die dort gelagerten Samen wieder auskeimen. So leisten diese Tiere einen wertvollen Beitrag zur Verbreitung der Rot-Buche.

Meister im Haselnussknacken

Beim Weitergehen genießen wir die schöne Waldluft und freuen uns über die auf dem Weg liegenden gelb und rötlich verfärbten Ahornblätter. Vor dem Laubfall waren sie noch grün. Doch der grüne Blattfarbstoff, das für die Photosynthese notwendige Chlorophyll, hat der Berg-Ahorn dem Blatt entzogen und bis zum nächsten Frühjahr in seinen Zweigen, im Stamm und in der Wurzel gespeichert. Dadurch konnten die anderen, zuvor vom Chlorophyll überlagerten und für die herbstliche Färbung zuständigen Pigmente zur Geltung kommen. Die abgefallenen Blätter des Berg-Ahorns verlieren später langsam ihre schöne Farbe und werden von Organismen wie Regenwürmern und Milben, aber vor allem von Bakterien und Pilzen zersetzt und zu organischer Bodensubstanz, dem Humus, abgebaut. Wäre das nicht der Fall, würde der Wald allmählich an seinem eigenen „Abfall" ersticken. Neben den vielen Bäumen im Wohldorfer Wald sehen wir hin und wieder Sträucher wie den ▸ **HASELSTRAUCH**, auch

Korkenzieherhasel und Haselstrauch

HASELSTRAUCH
Corylus avellana

Familie Birkengewächse

Höhe bis zu 8 m

Rinde glänzend graubraun, im Alter mit Längsrissen

Blatt rundlich bis verkehrt eiförmig mit kurzer Spitze

Blüte Die Kätzchen sind männlich, weibliche Blüten in der Knospe verborgen.

Blütezeit Februar bis Anfang April

Frucht Nuss

Vorkommen Wälder, Parks, Friedhöfe, Gärten, Hecken

Wissenswertes In manchen Gärten und Parks ist auch eine Zierform des Haselstrauchs zu finden, der Korkenzieherhasel. Seine Zweige sehen wie Korkenzieher aus. Im Hamburger Stadtpark wachsen sogar große Bäume, an denen Haselnüsse reifen. Sie heißen Baum-Haseln. Ihre Früchte schmecken aber überhaupt nicht.

Waldhasel oder einfach Hasel genannt. Wir entdecken noch vereinzelt Haselnüsse. Sie haben eine braune Schale, sind also reif. Doch pflücken und knacken dürfen wir die Früchte des Haselstrauchs natürlich nicht, denn das ist im Naturschutzgebiet ja verboten. Überlassen wir es lieber den Eichhörnchen. Die sind Meister im Haselnussknacken. Die Tierchen nagen die Nuss so lange an der Schale, bis diese ein Loch hat. Dann hebeln sie die Nussfrucht mit ihren unteren Nagezähnen auf. Ganz anders macht es die Krähe. Sie lässt die Haselnuss aufplatzen, indem sie diese einfach aus dem Flug fallen lässt. Nicht nur im Herbst bietet der heimische Haselstrauch Tieren Nahrung, schon im zeitigen Frühjahr sind seine Kätzchen ein wichtiger Nektar- und Pollenlieferant für hungrige Bienen.

Breitblättriges Knabenkraut (oben) und Grünblättriger Schwefelkopf

Totholz als Lebensraum

Jetzt wird der Laubwald kurz von einem feuchten Erlenbruch unterbrochen. Auch hier, im dunklen Moorwasser, schwimmen überall die abgefallenen Blätter, in diesem Fall vorwiegend die der *Schwarz-Erle*. Weiter geht's über eine große, von einem schmalen Bach namens Drosselbek durchflossene Feuchtwiese. Hier blüht im Frühjahr eine Orchideenart, das Breitblättrige Knabenkraut. Der Weg steigt nun leicht an und führt uns links wieder durch den herbstlichen Laubwald. Am Boden sehen wir überall den Jungwuchs von *Buchen*. Doch sie können kaum zu stattlichen Bäumen heranwachsen, da ihnen im dichten Wald Platz und Licht fehlen. Schauen wir nach links oder nach rechts fallen uns immer wieder abgestorbene Bäume auf, die Ökologin spricht hier von „Totholz". Mal ist es der stehende Rest, eine Baumruine, mal liegt der Baum auf dem Waldboden. Hin und wieder entdecken wir auch einen Baumstumpf, also das Überbleibsel eines abgesägten Baums. Das Totholz ist ein wichtiger Lebensraum vieler Tier- und Pflanzenarten. Wir sehen einen Baumstumpf, der mit Moosen und Pilzen bewachsen ist, oder eine Baumruine mit vielen Höhlen. Hier haben sich Spechte angesiedelt. Im Wohldorfer Wald sind alle in Hamburg lebenden Spechtarten zu Hause: Buntspecht, Mittelspecht, Kleinspecht, Grünspecht und Schwarzspecht.

Blätter und Früchte des Feld-Ahorns

FELD-AHORN

Acer campestre

Familie Seifenbaumgewächse

Höhe bis zu 15 m

Rinde graue, kleinfeldrige Schuppenborke

Blatt drei- bis fünflappig

Blüte gelbgrün, zwittrig oder eingeschlechtig

Blütezeit Mai bis Juni

Frucht Fruchtflügel stehen fast waagerecht.

Vorkommen Hecken, Knicks, Felder, Waldränder, Parks, Friedhöfe, Gärten

Wissenswertes Der Feld-Ahorn ist unser kleinster Ahorn. Er kommt als Strauch und kleiner Baum vor. Da der Feld-Ahorn recht anspruchslos ist, könnte er im immer extremer werdenden Stadtklima einmal eine größere Rolle als Straßenbaum spielen. Hitze, Trockenheit, Autoabgase machen ihm nur wenig aus. Auch mit Streusalz kommt er relativ gut zurecht.

Sauerkraut aus Ahorn-Blättern

Vorbei an einer feuchten Senke mit Erlen- und Weidenbruchwald gelangen wir schließlich bei einer Bank an eine Weggabelung. Es geht rechts weiter. Bald erreichen wir den Waldfriedhof Wohldorf und entdecken auf seiner gegenüberliegenden Seite am Waldrand ein Bäumchen mit mehreren dünnen Stämmen. Seine goldgelben Herbstblätter bewegen sich leicht im Wind. Es ist ein ▸ **FELD-AHORN**. Die Blätter sind kleiner und abgerundeter als die der anderen Ahorne. Wie sein Name schon sagt, ist der Feld-Ahorn kein typischer Waldbaum. Diese licht- und wärmeliebende Art wächst häufig in Hecken und Gebüschen am Rand von Feldern, Wiesen und Weiden, aber gern auch, wie hier, am Waldrand. Der Feld-Ahorn ist beliebt bei verschiedenen Tierarten. Ziegen und Schafe schätzen seine Blätter. Raupen seltener Schmetterlingsarten nutzen ihn als Fraßpflanze. Vögel brüten gern in seinem dichten Laubwerk. Früher verwendete auch der Mensch die Blätter dieses Baums und machte daraus ein Gericht, das so ähnlich wie Sauerkraut schmeckte. Da der Feld-Ahorn nicht so groß wird und sich außerdem gut zurechtschneiden lässt, ist er auch in Gärten und Parks als Einzelbaum oder als Hecke zu finden.

Auf dem idyllisch gelegenen Waldfriedhof Wohldorf wollen wir uns jetzt erst mal ein wenig ausruhen. Beim Betreten des Geländes sehen wir auf dem Boden schon wieder

Schlehenfrüchte

SCHLEHE
Prunus spinosa

Familie Rosengewächse

Höhe bis zu 3 m

Rinde dunkelbraun bis schwarz, mit langen Dornen

Blatt elliptisch und fein gesägt

Blüte dichtstehende, kleine weiße Blüten

Blütezeit März bis April

Frucht violettschwarze, blau bereifte Steinfrucht

Vorkommen Hecken, Wald- und Wegränder, Parks, Gärten

Wissenswertes Da sich die Schlehe durch unterirdische Ausläufer schnell ausbreiten kann, bildet sie oft ausgedehnte undurchdringliche Dickichte. Im Frühjahr ist die Schlehe so voller Blüten, dass sie aus der Ferne aussieht, als wäre sie von einer weißen Wolke umhüllt. Die Blüten locken mit ihrem leicht süßlichen Duft viele Insekten an.

die schönen Herbstblätter des Feld-Ahorns. Sie stammen diesmal von zwei Bäumen, die rechts und links des Eingangs wachsen. Anders als unser eben betrachteter Feld-Ahorn haben diese Bäume aber jeweils nur einen Stamm, der auch relativ dick ist. Wir gehen nun in Richtung der kleinen Kapelle im Zentrum des Friedhofs, um uns auf eine der dort stehenden Bänke zu setzen. Hier wächst auch noch ein weiterer Feld-Ahorn. Doch was ist das? Oben auf der Kapelle sitzt im Schornstein ein Waldkauz und mustert uns mit seinen großen dunklen Augen. Er scheint sich dort sehr wohl zu fühlen. Wir beobachten ihn noch eine ganze Weile und verlassen dann den Friedhof wieder.

Wie eine weiße Wolke

Nach einigen Schritten, vorbei an einem kleinen Parkplatz, gelangen wir rechts auf den Brügkamp, der in den Duvenstedter Brook führt. Dieser schmale Feldweg wird begleitet von einem abwechslungsreichen Knick aus *Weißdorn*, *Pfaffenhütchen*, *Hecken-Rose* und anderen Sträuchern und Bäumen, darunter auch wieder ein Feld-Ahorn. Plötzlich fliegen mehrere Drosseln auf. Wir haben sie beim Fressen gestört. Die Vögel haben in einem Dickicht von bis zu drei Meter hohen ▸ **SCHLEHEN** gesessen und sich an den schwarzblauen Früchten gütlich getan. Wir können diese ruhig auch mal probieren. Das geht, denn hier ist ja kein Naturschutzgebiet. Doch die runden Steinfrüchte sind noch ziemlich sauer. Sie müssen erst Frost bekommen, dann schmecken sie angenehm herb-aromatisch und lassen sich sogar zu einem leckeren Likör verarbeiten. Die Schlehe, auch Schwarzdorn genannt, ist ein Paradies für Insekten und Vögel. Im Frühjahr bieten die weißen Blüten Wildbienen und anderen Insekten reichlich Nektar und Pollen. Auch die grünen Blätter, die erst nach den Blüten erscheinen, sind Nahrung für manche Käfer und Schmetterlingsraupen. Vögel bauen im dornigen Schlehengeäst gern ihre Nester, weil sie hier gut vor Feinden geschützt sind. Und zu fressen finden sie dort auch genug. Im Frühling gibt's Insekten und im Herbst Früchte. Jetzt setzen wir unsere Baumtour im Duvenstedter Brook fort. ➔

Die Maiboom'sche Liebesbuche

Wer jemandem etwas Liebes sagen möchte oder um eine verflossene Liebe trauert, hat in Hamburg einen Ort, dieses kundzutun. Er befindet sich in Hohenfelde auf einem Grundstück am Rande des Kuhmühlenteichs. Dort, Ecke Eilenau/Lessingstraße, wächst eine mächtige **ROTBUCHE** (Fagus sylvatica), die sogenannte „Maiboom'sche Liebesbuche". Vor ihr steht eine Pinnwand, auf der in Form von Zetteln Liebesfreud oder -leid mitgeteilt werden können. Woher die Liebesbuche ihren Namen hat, erfährt der Besucher auf einer kleinen Informationstafel, die oberhalb der Pinnwand angebracht ist: Auf diesem Eckgrundstück stand in den Jahren von 1795 bis 1845 das Gartenhaus der Hamburger Kaufmannsfamilie Maiboom. Während der Zeit der napoleonischen Besetzung der Hansestadt traf sich dort in aller Heimlichkeit der junge Clemens Maiboom mit Clothilde Gauthier, der Tochter eines französischen Gesandten. Sie schworen sich Liebe und Treue für alle Zeiten und pflanzten im hohen Alter diese Buche als Zeichen ihres Glücks.

➔ Zur Maiboom'schen Liebesbuche gelangt man mit der U3 bis Mundsburg oder Uhlandstraße und mit der U1 bis Wartenau. Von diesen Stationen sind es dann nur noch kurze Fußwege.

Duvenstedter Brook 8b

Diese etwas längere Tour geht durch die beiden Naturschutzgebiete Wohldorfer Wald und Duvenstedter Brook. Das Naturschutzgebiet Duvenstedter Brook liegt auf Ohlstedter und Wohldorfer Gebiet. Es erstreckt sich auch nach Schleswig-Holstein hinein.

ANFAHRT

U1 bis Ohlstedt. Der Bahnhof ist Start- und Endpunkt des längeren Baumspaziergangs durch die beiden Naturschutzgebiete. Zuerst geht es durch den Wohldorfer Wald, anschließend durch den Duvenstedter Brook und schließlich wieder durch den Wohldorfer Wald zurück zum Bahnhof Ohlstedt.

SONSTIGES

- Näheres zum Wohldorfer Wald und zum Duvenstdter Brook ist im Duvenstedter BrookHus des NABU am Duvenstedter Triftweg 140 zu erfahren: www.hamburg.nabu.de

INFO

- Während der Brutzeit der Vögel im Frühjahr und der Brunftzeit der Hirsche im Herbst sind bestimmte Wege gesperrt. Infos beim NABU.
- Hunde sind im Duvenstedter Brook nicht zugelassen.

BÄUME UND STRÄUCHER AUF DER STRECKE

- Schwarz-Erle
- Moor-Birke
- Weide
- Kiefer
- Lärche
- **Gemeine Fichte**
- Eiche
- Buche
- **Hänge-Birke**
- Ahorn
- **Sommer-Linde**
- Hainbuche

Die abwechslungsreiche Landschaft des Duvenstedter Brook entstand nach der letzten Eiszeit, die vor etwa 15 000 Jahren zu Ende ging. Die abschmelzende Eisdecke, unter der Schmelzwasserseen entstanden waren, hinterließ zwei Teilbereiche: Im Nordwesten bildeten sich meterdicke nährstoffarme Sandböden über tonhaltigen Stauseeablagerungen. Im südöstlichen Teil überwiegen fruchtbare Lehmböden. Nach Versickern der Stauseen im aufgetauten Boden blieben seichte Weiher übrig. Diese verlandeten allmählich und ließen Moore und Sümpfe entstehen. Die langsame Erwärmung bot Zwergstrauchheiden, Birken-, Kiefern-, Erlenbruchwäldern und Eichenmischwäldern günstige Lebensbedingungen. Später kamen andere Baumarten wie Rotbuche, Hainbuche und Ahorne hinzu. Immer wieder veränderte der Mensch das Landschaftsbild. Im Mittelalter holzte er großflächig ab, um Bau- und Brennmaterial zu gewinnen. Als das Brennholz ausging, heizte er mit Torf und zerstörte damit viele Moorflächen. Die Menschen trieben ihre Rinder und Schweine in die zur allgemeinen Beweidung freigegebenen Waldreste (Allmende), was zu Änderungen in der Pflanzenzusammensetzung führte. Das Weidevieh fraß mit Vorliebe die Triebe von Linde, Ulme und Ahorn. Es verschmähte ungenießbare Pflanzen wie Brombeere, Weißdorn, Ilex und Holunder. Bis in das 19. Jahrhundert hinein wurde der westliche Teil als Allmende genutzt, so dass sich auf seinen nährstoffarmen Sandböden kein Wald mehr behaupten konnte. Hier dehnten sich Heideflächen aus. In den 1920er Jahren wandelte man rund 230 Hektar Heide-, Sumpf- und Moorflächen in landwirtschaftliche Nutzflächen um. In den 1970er Jahren begann die Wiederbelebung der ehemals sehr abwechslungsreichen Landschaft. Durch Rückstaumaßnahmen, Zuschütten von Entwässerungsgräben und Renaturierung von Bachläufen gelang es, sich dem ursprünglichen Zustand wieder anzunähern. Moose wuchsen, Bruchwald nahm zu, und neue Feuchtwiesen entstanden. Vielen Birken dagegen wurde es zu nass: Sie starben ab.

Biotope im Hochmoor und Bruchwald

Der Duvenstedter Brook mit seinem Mosaik unterschiedlicher Biotope ist Lebensraum für eine entsprechend vielfältige Pflanzenwelt. Über 400 Arten konnten bisher

Duvenstedter Brook

nachgewiesen werden. Auf den noch verbliebenen Hochmoorflächen wachsen beispielsweise der seltene Sonnentau, eine fleischfressende Pflanze, und das Wollgras mit seinen weißen, an Watte erinnernden Fruchtständen. Diese Spezialisten kommen gut mit der hier herrschenden Nährstoffarmut und dem sauren Boden zurecht. Die in der Vergangenheit durch Entwässerung von Mooren entstandenen Heiden bieten besonders im Sommer ein eindrucksvolles Bild. Dann tauchen die Blüten der Besen- und Glockenheide manche Flächen in ein zartes Rosa. Auch die Wiesen sind immer wieder einen Blick wert. Im Mai und Juni blühen an einigen Stellen Orchideen wie das Breitblättrige und das Gefleckte Knabenkraut. Später kommen dann zum Rosa der Lichtnelken das leuchtende Gelb des Hahnenfußes und das Weiß von Mädesüß und Wiesen-Bärenklau hinzu. In den zahlreichen Bächen, Gräben und Teichen sind ebenfalls interessante Pflanzen zu entdecken wie die Krebsschere oder die blassrosa Blütenstände der Wasserfeder. Im Duvenstedter Brook gibt es zwei Arten von Bruchwäldern. Im Nordwesten wachsen Birkenbruchwälder auf nährstoffarmen Torfböden. Der südöstliche Teil ist durch Erlenbruchwälder charakterisiert. Da die feuchten Böden dort reich an Nährstoffen sind, finden zahlreiche Pflanzen gute Lebensbedingungen vor. Hier gedeihen etwa Bach-Nelkenwurz, Hohe Schlüsselblume und Bitteres Schaumkraut.

Nasser Wald entlang der Ammersbek

Vorbei an einem kleinen Stück Laubwald links des Wegs gelangen wir nun in den Duvenstedter Brook. Das Wort „Brook“ im Namen dieses zweitgrößten Hamburger Naturschutzgebiets ist eine alte Bezeichnung für „Bruch“, was so viel bedeutet wie „nasser Wald“. Bei einem Bruchwald ist der Boden immer feucht, und die Bäume stehen oft im Wasser. Daher wächst er häufig im Überschwemmungsbereich von Senken und Bächen wie hier an der Ammersbek, die wir jetzt auf einer kleinen Holzbrücke überqueren. Die Ammersbek ist ein sehr naturnah gebliebener Fluss, der sich mäandernd durch die Landschaft zieht. Er fließt durch unsere beiden Naturschutzgebiete, nämlich den südlichen Teil des Duvenstedter Brooks und den nördlichen Bereich des Wohldorfer Walds. Wir sehen im Bruchwald hier an der Ammersbek viele *Schwarz-Erlen* und auch *Moor-Birken* sowie einzelne *Weiden*. Mit etwas Glück lässt sich hier auch mal ein Eisvogel beobachten. Jetzt im Herbst und später im Winter ziehen die Bäume manchmal große Schwärme von Erlen- und Birkenzeisigen an, die sich über die reichlich angebotenen Erlen- und Birkensamen hermachen. Nun gehen wir geradeaus durch einen Mischwald aus Laubbäumen und Nadelbäumen wie *Kiefern*, *Lärchen* und einzelnen ▸ **GEMEINEN FICHTEN**. Am Boden entdecken wir deren Zapfen. Sie sind lang und schmal, nicht kurz und rundlich wie bei der Waldkiefer. So ein Fichtenzapfen besteht aus festen Schuppen, zwischen denen sich die Samen befinden. Und die sind bei manchen Tieren sehr beliebt. So gelangen beispielsweise Mäuse an die Samen, indem sie Schuppe für Schuppe abnagen. Zurück bleibt der harte Strang in der Mitte des Zapfens. Die stärkeren Eichhörnchen machen es anders. Sie reißen einfach die ganzen Schuppen mit ihren Nagezähnen heraus. Übrig bleibt auch hier der harte Strang. Allerdings sieht er nicht so sauber abgenagt aus wie bei der Maus, sondern ziemlich zerfranst. Grund sind Reste von Schuppen, die das Eichhörnchen beim Herausreißen übrig gelassen hat. Beim Blick in die Krone der Gemeinen Fichte sehen wir, dass ihre Zapfen nach unten hängen. Darin unterscheidet sich dieser Nadelbaum von der viel selteneren Weiß-Tanne, bei der die Zapfen nämlich aufrecht stehen. Auch die Nadeln der beiden Arten sind unter-

Holz und Zapfen der Gemeinen Fichte sind sehr begehrt.

GEMEINE FICHTE
Picea abies

Familie Kieferngewächse

Höhe bis zu 60 m

Rinde rotbraune Schuppenborke

Blatt starres, vierkantiges und zugespitztes Nadelblatt

Blüte Männliche und weibliche Blüten auf einem Baum, aus den weiblichen Blüten entwickeln sich später die Zapfen.

Blütezeit Mai bis Juni

Frucht langer und schmaler Zapfen (Fruchtstand)

Vorkommen Nadelwald, Mischwald, Parks, Friedhöfe und Gärten

Wissenswertes In Deutschland sind Gebirge natürlicher Lebensraum der Gemeinen Fichte. Wegen ihrer Bedeutung als Holzlieferant wird sie aber auch im Flachland angepflanzt, meist als Monokultur. Kommen durch die zunehmende Klimaerwärmung dann noch heiße und trockene Sommer hinzu, haben Borkenkäfer leichtes Spiel.

schiedlich. Bei der Weiß-Tanne sind sie weich und flach, bei der Gemeinen Fichte starr, vierkantig und am Ende so zugespitzt, dass sie piksen.

Brunft der Rothirsche

An einer Holzschranke geht es links weiter. Der Weg geradeaus ist gesperrt, damit die Rothirsche bei ihrer herbstlichen Brunft nicht gestört werden. Hier im Naturschutzgebiet leben etwa hundert Exemplare dieser prächtigen Tiere. Die linke Seite unseres Wegs wird teilweise von einem Erdwall mit *Eichen* und *Buchen* begleitet. Dahinter sehen wir zuerst Laubwald, dann Bruchwald und schließlich Wiesen. Auf der rechten Seite kommen wir an einigen Nadelbäumen vorbei, dann an Feuchtwiesen, Bruchwald und Moorheide, auf der kleine Gruppen von Moor-Birken wachsen. Nun treffen wir auf den Duvenstedter Triftweg, den Hauptwanderweg durch den Brook, und gehen hier links weiter. Wer auf dem Triftweg an einem herbstlichen Abend spazieren gehen will, um die Stille zu genießen, wird enttäuscht. Er begegnet vielen Menschen, die zu einem der gut getarnten Beobachtungsstände wollen, um dort die spektakuläre Brunft der Rothirsche zu erleben. Jetzt am Tag ist allerdings kein Röhren zu hören, denn die Hirsche ruhen sich, gut im Wald versteckt, aus. Dafür nehmen wir aber das Trompeten einiger Kraniche wahr. Sie fliegen über die vor uns liegenden feuchten Heideflächen und wollen wahrscheinlich in den Süden zum Überwintern.

Kranich und Rothirsch im Duvenstedter Brook

Rinde, Blatt und Kätzchen einer jungen Hänge-Birke

HÄNGE-BIRKE
Betula pendula

Familie Birkengewächse

Höhe bis zu 25 m

Rinde weiß, später mit dunklen Rissen

Blatt dreieckig und zugespitzt

Blüte lange männliche und kurze weibliche Kätzchen (Blütenstände)

Blütezeit April bis Mai

Frucht kleine Nussfrucht mit zwei Flügeln

Vorkommen Wälder, Parks, Friedhöfe, Gärten, Moore, Wiesen, Heiden

Wissenswertes Die weiße Farbe der Rinde schützt die Licht liebende Hänge-Birke vor „Sonnenbrand". Sie reflektiert nämlich die Sonnenstrahlen. Die Hänge-Birke ist in Hamburg weit verbreitet, da sie nur wenige Ansprüche an den Boden stellt. Der Baum wächst im Stadtpark genauso wie im Eppendorfer Moor oder in der Fischbeker Heide.

Natürlicher Sonnenschutz

Auf unserem weiteren Weg kommen wir wieder an Bruchwald aus Weidengebüsch, *Moor-Birken* und *Schwarz-Erlen* vorbei. Wo der Weg schließlich nach rechts abbiegt, steht auf der linken Seite eine hoch gewachsene ▸ **HÄNGE-BIRKE**. Den Namen hat sie von ihren überhängenden Ästen und Zweigen. Unsere Hänge-Birke ist schon älter. Das erkennen wir an ihrer Rinde, bei der das Weiß von vielen tiefen Furchen durchzogen ist. Ein junger Baum hat noch eine ganz weiße Rinde. Am Boden unter der Hänge-Birke liegen bereits viele ihrer gelb verfärbten Herbstblätter. Bald wird sie kahl sein. Aber schon im zeitigen Frühjahr treibt die Birke als einer der ersten Laubbäume wieder neu aus und bietet dann einen malerischen Anblick mit dem zarten Grün ihrer Blätter und den vielen Kätzchen an den Zweigen. Die männlichen und weiblichen Kätzchen besitzen unscheinbare Blüten und befinden sich auf demselben Baum. Der Blütenpollen ist sehr leicht und wird vom Wind zu den weiblichen Kätzchen transportiert. Da die Hänge-Birke im Frühling Unmengen an Pollen abgibt, die auch noch kilometerweit fliegen können, haben nicht wenige Menschen ein Problem damit. Beim Einatmen der Pollen kommt es bei ihnen zu einer Birkenpollen-Allergie mit Augenjucken und häufigem Niesen.

SOMMER-LINDE
Tilia platyphyllos

Familie Lindengewächse

Höhe bis zu 30 m

Rinde längsrissig, dicht gerippt

Blatt schief herzförmig mit scharf gesägtem Rand

Blüte Blütenstand aus zwei bis fünf gelblichen Blüten

Blütezeit Juni

Frucht kleine kugelige Nussfrüchte, mit flügelartigem Tragblatt verwachsen

Vorkommen Parks, Friedhöfe, große Gärten, am Rand von Laubwäldern, als Straßenbaum

Wissenswertes Lindenallee, Lindenweg – an Hamburgs Straßen stehen viele Linden. Meist sind es Holländische Linden. Das sind Kreuzungen zwischen Sommer- und Winter-Linden. Hamburgs älteste Linde wächst im Hammer Park. Sie ist über 400 Jahre alt.

Blatt und Früchte der Sommer-Linde

Der Weg führt uns jetzt über die Röthbek hinweg, einen kleinen Bach, der sich hier durch den Erlenbruch schlängelt. Wieder sehen wir eine Hänge-Birke. Diesmal ist sie von unten bis oben mit Efeu bewachsen. Da der Efeu eine der wenigen Pflanzen ist, die erst im Herbst blühen, entdecken wir Wespen, Schwebfliegen und sogar einen Admiral beim Nektarsaugen. Nun ist es nicht mehr weit bis zum Duvenstedter BrookHus. Linker Hand schauen wir auf einen mit *Eichen*, *Ahornen* und anderen Bäumen bewachsenen Erdwall, früher vermutlich mal ein Knick. Dahinter liegen weite landwirtschaftlich genutzte Flächen. Auf der rechten Seite sehen wir hinter einem Laubwaldstreifen Wiesen und Weiden. Kurz vor Erreichen des vom NABU betriebenen Info-Hauses blicken wir noch in eine kleine urige Sumpflandschaft mit abgestorbenen Bäumen im dunklen Moorwasser. Dann machen wir erst mal eine Pause, die wir auch dazu nutzen, uns nähere Informationen über die beiden Naturschutzgebiete zu besorgen.

Teeaufguss und Dorfmittelpunkt

Bestens informiert geht es jetzt rechts über den schmalen Weberstieg und dann geradeaus die Herrenhausallee entlang in Richtung des Kupferteichs. Kurz davor entdecken wir auf der linken Seite zwei prächtige alte Linden, in diesem Fall sind es ▸ **SOMMER-LINDEN**. Wegen ihrer herzförmigen Blätter gelten sie auch als Baum der Liebe. Viele Blätter sind schon gelblich verfärbt. Am Boden sehen wir einige Früchte. Sie sind kugelig und hängen an einem pergamentartigen Hochblatt. Fallen die Früchte herunter, drehen sie sich wie Propeller und können auf diese Weise vom Wind verbreitet werden. Die Sommer-Linde blüht meist etwas früher als die sehr ähnliche Winter-Linde. Schon Anfang Juni verströmen ihre kleinen gelblichen Blüten einen angenehmen Duft, der Bienen in großer Zahl anlockt. Der Baum liefert aber nicht nur einen köstlichen Honig. Aus seinen Blüten, die ätherische Öle und weitere gesundheitsfördernde Stoffe enthalten, lässt sich auch ein Tee gegen fiebrige Erkältungen herstellen. Früher nutzten berühmte Holzbildhauer wie Tilman Riemenschneider Lindenholz zum Schnitzen ihrer Kunstwerke. Damals spielte die Sommer-Linde auch eine wichtige Rolle als Dorfmittelpunkt. Dort traf man sich, feierte Feste, hielt aber auch Gericht ab.

Auf dem Weg zurück zum Bahnhof Ohlstedt kommen wir am Kupferteich und an der alten Kupfermühle vorbei. Der Kupferteich entstand durch Aufstauung der Ammersbek. Hier schwimmen gerade einige Wasservögel, darunter auch ein Haubentaucher und mehrere Schnatterenten. Wie wir einer Info-Tafel des hier verlaufenden „historisch-ökologischen Erlebnispfads“ entnehmen, entstand die Kupfermühle im Jahre 1622 als Drahtmühle. Dort nutzte man die Wasserkraft der aufgestauten Ammersbek zur Herstellung von Messingdraht. Heute ist die alte Kupfermühle ein aufwendig restauriertes Fachwerkgebäude. Jetzt geht es noch auf dem Kupferredder eine Weile durch den herbstlichen Wohldorfer Wald. Rechts am Weg wachsen immer wieder *Hainbuchen*. Wir erkennen sie an ihrer grauen, glatten Rinde. Jetzt macht noch ein Schwarzspecht mit lautem „kliööh“ auf sich aufmerksam. Diese krähengroße Art ist selten und lebt hier sehr zurückgezogen. Schließlich gehen wir hinter einer Schule nach links und kommen, an einer Kindertagesstätte vorbei, wieder zum Ausgangspunkt unseres längeren Baumspaziergangs zurück. •

Kupfermühle und Brücke über die Mellingbek unterhalb des Kupferteiches

Die Kopfweide

Im Naturschutzgebiet Duvenstedter Brook kann man noch einige alte Kopfweiden entdecken. Es sind meist **SILBER-WEIDEN** (Salix alba), deren charakteristische Form darauf zurückgeht, dass man ihnen früher regelmäßig die ein- bis vierjährigen Triebe abschnitt, um daraus Körbe und Kinderwagen zu flechten oder den Herd zu beheizen. Heute lohnt es sich wirtschaftlich nicht mehr, die Kopfweiden alle paar Jahre „auf den Stock zu setzen". Aber es gibt ja glücklicherweise immer wieder engagierte Naturschützer, die das Zurückschneiden der landschaftsprägenden Bäume übernehmen. Sonst würden sie ausladende Kronen bilden, unter deren Last die Weiden zusammenbrechen könnten. Durch wiederholten Schnitt der Kopfweiden können Bakterien und Pilze in die Bäume eindringen und sie, durch Frost und Regen unterstützt, allmählich aushöhlen. Die Höhlen bieten Tieren wie etwa Insekten, Vögeln und Fledermäusen Lebensraum. Auf der Mulmschicht des Höhlenbodens siedeln sich auch Pflanzen wie Moose, Farne und Gräser an.

➔ Vom Duvenstedter BrookHus, dem Informationshaus des NABU, gehen wir den Duvenstedter Triftweg bis zum Ende oder fahren mit dem Rad. Dort wächst am Rand einer großen Wiese, ganz in der Nähe eines Sichtschirms für Wildbeobachtung, eine besonders schöne Kopfweide. Das Info-Haus erreicht man mit dem Bus 276, Ausstieg an der Haltestelle Duvenstedter Triftweg. Von dort sind es dann noch zwanzig Minuten Fußweg.

Baumstarke Namen

Im deutschsprachigen Raum wurden Familiennamen erst vor etwa 700 Jahren allgemein gebräuchlich. Die Namengebung richtete sich u.a. nach dem Beruf, dem ausgeübten Amt und dem Wohn- oder Herkunftsort der Betreffenden; verschiedentlich auch nach dem Namen des bewohnten Hauses, z.B. „Zum weißen Roß", „Zum Eichhorn" und „Zum Nußbaum", was zu den Familiennamen Roß oder Ross, Eichhorn und Nußbaum oder Nussbaum führen konnte. Die Benennung von Häusern war nötig zur Orientierung in städtischer Umgebung zu einer Zeit, da Häuser noch nicht nummeriert wurden. Im Mittelalter, als längst noch nicht alle lesen konnten, erfüllten entsprechende Schilder mit Bildern etwa von Tieren, Pflanzen und Gegenständen diesen Zweck.

Beim Familiennamen Förster ist der Waldbezug unmittelbar deutlich, denn das alte Wort für den Beruf wird auch heute noch gebraucht. In Fällen von in Vergessenheit geratenen Berufs- oder Amtsbezeichnungen ist der Blick in alte Wörterbücher nötig, wie z.B. Johann Christoph Adelungs vierbändiges „Grammatisch-kritisches Wörterbuch der hochdeutschen Mundart", von 1796 bis 1801 erschienen, sowie Jacob und Wilhelm Grimms sehr ins Detail gehendes „Deutsches Wörterbuch", ab Mitte des 19. Jahrhunderts von ihnen mit den ersten Bänden begründet und nach dem Tod der Grimms bis 1961 von anderen fortgeführt. Was Bäume, Wald, Holz und Verwandtes betrifft, sind z.B. die Familiennamen Baumgärtner, Baumgartner und Paumgartner auf die Berufs- oder Statusbezeichnung Baumgärtner zurückzuführen, der laut Adelung eine Obstbaumpflanzung pflegte oder besaß – sofern damit nicht die Herkunft aus einem der hauptsächlich in Bayern und Österreich zu findenden Orte namens Baumgarten bezeichnet wurde. Was jeweils zugrunde liegt, wäre wie ebenso in manch anderen Fällen anhand alter Dokumente zu entscheiden. Das ist aber mehr oder weniger schwierig bis unmöglich, zumal besonders im Dreißigjährigen Krieg sehr viele Kirchenbücher und Urkundenbestände verloren gegangen sind. Namengebend waren etwa die Amtsbezeichnungen Holzgraf und Holzrichter. Ersterer war der oberste Richter am einstigen Holzgericht, das über Holz- und Forstsachen entschied, letzterer dort Beisitzer.

Wie manch anderer zum Familiennamen gewordene Begriff der Art ist der Baumgärtner in heutigen Wörterbüchern nicht mehr zu finden. Bei Adelung sind solche Wörter noch verzeichnet. Da finden sich der Waldbauer und der Holzbauer, erklärt als Bauern, die nah an oder in einem Gehölz wohnen und teils auch vom Holzeinschlag leben. Möglicherweise besaßen sie auch Wald. Nach diesem Muster dürfte der nicht bei Adelung als Begriff verzeichnete Name Holzmüller auf einen in der Nähe eines Gehölzes angesiedelten Müller zurückgehen. Der Familienname Hartmann leitet sich entweder von dem Stärke und Beständigkeit verheißenden alten Rufnamen ab, oder er weist auf jemanden, der an oder in einem Wald lebte. Der oder auch die Hart ist nämlich ein altes Wort für einen mehr oder weniger gebirgigen Wald. Ähnlich mag der Name Horstmann mit einem kleineren Gehölz zu tun haben, einst der oder auch die Horst genannt.

Ein Waldherr besaß einen Wald. Ein Waldmeier, ein Waldner und ein Waldhüter, alles auch Familiennamen, waren dem Förster untergeben. Der Waldmann wird u.a. als Waldbewohner erklärt. Holzhauer ist regional immer noch das Wort für einen Holzfäller. Holzer und Holzmann sind laut Adelung Holzarbeiter. Womöglich wohnte auch ein erster Namensträger an oder in einem Wald, denn das Wort Holz konnte in der Bedeutung Wald benutzt werden.
Für sich genommen, trugen auch Bäume zu Familiennamen bei, besonders die Linde und die Eiche. In einem Telefonbuch beanspruchen mit „Lind-" und „Eich-" beginnende Namen weit mehr Platz als auf sonstige Bäume weisende Namen. Für das Zustandekommen solcher Namen können u.a. ein Wohnplatz mit Linden oder Eichen, der Name des bewohnten Hauses und der Herkunftsort des ersten Namensträgers eine Rolle gespielt haben. So stammte vielleicht ein Lindener oder Lindner aus einem der nicht wenigen Orte mit dem Namen Linden, der seinerseits mit diesen Bäumen zu tun haben dürfte. Die Familiennamen Eicher und Eichner haben dagegen nicht unbedingt mit der Eiche zu tun, sondern könnten von Fall zu Fall auf den Bezeichnungen für Amtspersonen beruhen, die für die Überwachung von Maßen und Gewichten zuständig waren, heutzutage Sache der Eichämter.

Ein Eibenschütz war nach Adelung ein Armbrustschütze. So ist Eibe auch ein altes Synonym von Armbrust, für deren Bogen vorzugsweise Eibenholz verwendet wurde. Der Eibenschütz wurde, wie ebenso der Hersteller dieser Waffen, als Armbruster bezeichnet, ebenfalls Familienname geworden.

Die Erle findet sich z.B. im Namen des Physikers Emil Erlenmeyer (1825–1909), nach dem der Erlenmeyerkolben benannt ist, ein Laborgefäß. Der Name lässt auf den Besitzer eines Meierhofs an einem Erlengehölz schließen. Mit ihrer plattdeutschen Bezeichnung Eller ist die Erle u.a. vertreten in den Familiennamen Ellerbrock, auch Ellerbroock, Ellerbrok und Ellerbrook geschrieben. Sie beziehen sich auf ein mit Erlen bestandenes Sumpfgebiet, ein oder einen Erlenbruch.

Die Silberpappel verbirgt sich im Familiennamen Bellenbaum, von Fall zu Fall auch in den Familiennamen Alber und Albers, sofern diese nicht auf die Rufnamen Albero und Albert zurückgehen. Bei allen drei Namen liegen frühe eindeutschende Veränderungen des lateinischen Adjektivs *alba* oder *albula* (weiß) zum femininen Substantiv *populus* (Pappel) vor: u.a. *alber* und *abele*. Vom gekürzten *abele* leiten sich laut Adelung die Belle oder auch der Bellen in der Bedeutung Silberpappel ab.

Die Ulme, auch Rüster und dem Grimmschen Wörterbuch zufolge in der Pfalz Effer oder Effenbaum genannt, begegnet uns wohl im Familiennamen Effenberger, vielleicht bezogen auf eine Anhöhe mit einem Ulmenbestand. Im Familien- wie Ortsnamen Elmenhorst sind das mittelniederdeutsche Elm für Ulme und das Wort Horst in der Bedeutung kleinere Waldung zu erkennen.

Eine in oder an einem Tannenwald gelegene Wohnstätte legen die Familiennamen Tanner und Thanner nahe; wobei laut dem Grimmschen Wörterbuch mit Tann auch schlicht ein „weiter Wald" gemeint sein konnte. Gelegentlich mag sich der Name auf die Herkunft aus einer der nicht wenigen Siedlungen namens Tann oder Thann beziehen.

Ein besonderer Fall ist die Verwandlung des ursprünglichen Familiennamens Blei in Pflaumbaum oder auch Pflaumenbaum. Irgendwelche gebildeten Bleis hatten ihren Namen als Plumbum ins Lateinische übersetzt. Es muss wohl im niederdeutschen Sprachraum passiert sein, dass dieser Humanistenname später als Plummbohm missverstanden und doch lieber ins Hochdeutsche übersetzt wurde.

Zu Missverständnissen könnte auch der von dem Schriftsteller Otto Julius Bierbaum (1865–1910), dem Verfasser u.a. der deutschen Pinocchio-Adaptation „Zäpfel Kerns Abenteuer", prominent vertretene Familienname führen, denn einen so benannten Baum gibt es ja nicht. Hier liegt die Herleitung von Birnbaum nahe, ebenfalls Familienname. Das Grimmsche Wörterbuch vermerkt zum Wort Birnbaum: „früher birbaum". Der Name bezog sich entweder auf die Bezeichnung des bewohnten Hauses oder auf ein Anwesen an oder mit einer Birnbaumpflanzung sowie möglicherweise auch auf einen Wohn- oder Herkunftsort mit dem wohl meist ebenfalls von Birnbaum herrührenden Namen Bierbaum, von denen es mehrere gibt. Und wurde Beerbohm, die niederdeutsche Version des Namens, ins Hochdeutsche übersetzt, konnte sowohl Bier- als auch Birnbaum daraus werden. Das plattdeutsche Wort Beer gibt beides her.

Zu denken ist schließlich auch an Familiennamen, die auf holzverarbeitende Handwerker weisen: Böttcher, Büttner, Fassbinder, Schäffler und Scheffler – Drechsler – Köhler – Sägemüller, Sägmüller, Schneidmüller, Bretschneider – Tischler, Schreiner – Zimmermann, Zimmerer.

Mit Holzverarbeitung hatte auch der in Hamburg-Mitte mit dem Straßennamen Stockmeyerstraße geehrte Industrielle zu tun, wie der Straßenname nahelegt. Allerdings war Stockmeyer nur der Spitzname von Heinrich Christian Meyer (1797–1848), der einst an dieser Straße eine Fabrik für Spazierstöcke betrieb.

Robert Wohlleben

Digitales Familiennamenwörterbuch Deutschlands (DFD): www.namenforschung.net/dfd/woerterbuch/liste/

Wandse-Wanderweg 9

Der Wandse-Wanderweg im Bezirk Wandsbek liegt in einem besonders schönen Abschnitt der Wandse. Dort lädt der schlängelnd verlaufende Fluss mit seinen unterschiedlichen Grünanlagen, Parks und einigen ökologisch sehr wertvollen Feuchtflächen den Naturfreund zu einer erholsamen und abwechslungsreichen Wanderung ein.

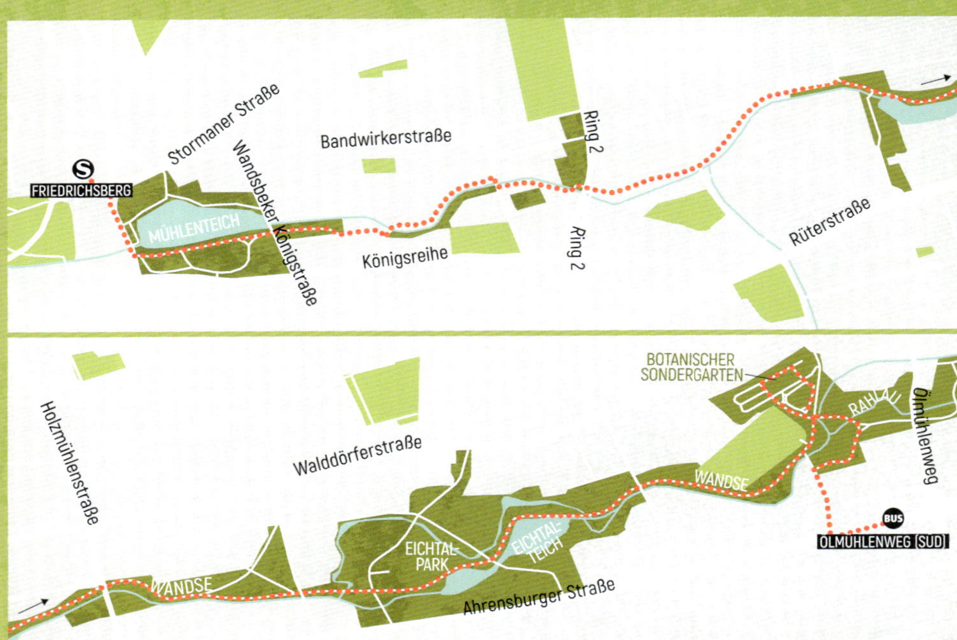

ANFAHRT

Der Wandse-Wanderweg führt die Wandse entlang vom Wandsbeker Mühlenteich bis zum Pulverhofpark in Rahlstedt (hier beschrieben: Strecke zwischen dem Wandsbeker Mühlenteich und Fischers Park).
S-Bahn (S1, S11) bis Friedrichsberg. Buslinie 9 Haltestelle Ölmühlenweg (Süd).

INFO

Eine Karte des Wandse-Wanderwegs lässt sich als pdf-Datei aus dem Internet herunterladen.

SONSTIGES

- Wer sich aktiv an der naturnahen Umgestaltung der Wandse beteiligen möchte, sollte einmal ein Treffen der NABU-Stadtteilgruppe Wandsbek besuchen. Genaue Informationen beim NABU-Hamburg: www.hamburg.nabu.de, Telefon 040/69 70 89 0.
- Der Botanische Sondergarten ist täglich von 7 bis 21 Uhr geöffnet. Er veranstaltet auch Ausstellungen, Führungen und Aktionstage. Schulkinder können dort sogar ein „Baumdiplom“ ablegen.

Mit einer Länge von rund zwanzig Kilometern ist die Wandse der längste Nebenfluss der Alster. Sie entspringt westlich der Ortschaft Siek in Schleswig-Holstein und fließt in südwestlicher Richtung bis zur Mündung am Schwanenwik an der Außenalster. Doch nicht nur der Naturfreund kommt am Wandse-Wanderweg auf seine Kosten. Auch für den geschichtlich Interessierten hat er einiges zu bieten. So wurde die Wandse seit dem Beginn des Spätmittelalters wegen ihres relativ starken Gefälles zum Antrieb von Wassermühlen genutzt. Reichte die Kraft des Wassers nicht aus, wurde der Fluss aufgestaut, umgeleitet oder begradigt. Noch heute erinnern die Namen „Wandsbeker Mühlenteich" und „Holzmühlenteich" an den mittlerweile eingestellten Mühlenbetrieb.

Dichte Ufervegetation entlang der Wandse

Jogger, Radfahrer, spielende Kinder: Viele Menschen nutzen die Natur entlang der Wandse für Freizeit und Erholung. Aber auch dem Baumfreund hat sie einiges zu bieten. Neben den unterschiedlichsten einheimischen Gehölzen wie etwa der Silber-Weide oder dem Roten Hartriegel kann er auch exotische wie den Japanischen Kuchenbaum oder den aus Amerika stammenden Amberbaum entdecken. Immer wieder spannend ist es, Blicke in die dichte Ufervegetation der Wandse zu werfen. Mal sieht der Spaziergänger einen baumartigen Weißdorn, dessen Äste über dem Flüsschen hängen, dann wieder an verschiedenen Stellen junge Walnussbäume mit Früchten. Mal entdeckt er eine mehrstämmige Robinie, ein andermal einen Spitz-Ahorn, der mit Hopfen berankt ist. Interessante Baumbeobachtungen versprechen auch die drei auf der Wanderroute liegenden Parks. Im Eichtalpark kann der Baumfreund seltene Eichenarten sehen. Etwa die im Mittelmeerraum beheimatete Zerr-Eiche, die Libanon-Eiche oder die aus dem östlichen Nordamerika stammende Färber-Eiche. Ebenfalls interessante Gehölze lassen sich im Botanischen Sondergarten inspizieren. Dazu gehören eine hohe Säuleneibe, ein Baum-Hasel oder ein Taschentuchbaum. Den Abschluss der Baumwanderung entlang der Wandse bildet der kleine Fischers Park. Auch hier wachsen tolle Bäume. Da sind zum Beispiel zwei Arten von Trompetenbäumen, eine riesige Kobushi-Magnolie oder ein mächtiger Urwelt-Mammutbaum.

BÄUME UND STRÄUCHER AUF DER STRECKE

- Ahornblättrige Platane
- Berg-Ahorn
- Kaukasische Flügelnuss
- Scharlach-Eiche
- Trauerweide
- **Silber-Ahorn**
- Weißdorn
- Weißer Hartriegel
- Robinie
- Eberesche
- Hainbuche
- **Roter Hartriegel**
- Spitz-Ahorn
- Walnussbaum
- Holunder
- Rot-Ahorn
- Mehlbeere
- Trompetenbaum
- **Gemeiner Goldregen**
- Stiel-Eiche
- Libanon-Eiche
- Zerr-Eiche
- **Esskastanie**
- Sumpfzypresse
- Japanischer Schnurbaum
- Geschlitztblättriger
- Silber-Ahorn
- Japanischer Kuchenbaum
- Taschentuchbaum
- Säuleneibe
- Baum-Hasel
- **Amberbaum**
- Kobushi-Magnolie
- Urwelt-Mammutbaum
- Trompetenbaum

Es ist ein schöner Sommertag. Heute wollen wir den Bäumen und Sträuchern am Wandse-Wanderweg einen Besuch abstatten. Vom S-Bahnhof Friedrichsberg ist es ein Katzensprung bis zum Wandsbeker Mühlenteich. Wir müssen nur eine große Straßenkreuzung überqueren und schon betreten wir den Mühlenteichpark. Er umschließt den großen Mühlenteich, der schon im 16. Jahrhundert entstand. Damals ließ der Wandsbeker Gutsherr Heinrich Graf Rantzau die Wandse anstauen, um eine Wassermühle zu betreiben. Über uns hören wir plötzlich die gackernden Rufe dreier Graugänse. Im nächsten Moment landen sie mit lautem Klatschen auf dem Wasser. Dort schwimmen auch noch Blässhühner und einige Stockenten. Ein Buntspecht trommelt! Wo sitzt er? Am Stamm einer alten *Ahornblättrigen Platane* sucht er nach Insekten und anderem Fressbaren. Jetzt fliegt er weiter zu einem *Berg-Ahorn*. Schauen wir uns ein bisschen um, entdecken wir gleich noch weitere interessante Bäume. Im Gezweig einer *Kaukasischen Flügelnuss* hängen überall die langen Fruchtstände, und eine aus Nordamerika stammende *Scharlach-Eiche* zeigt uns ihre glänzend dunkelgrünen Laubblätter. Im Herbst verfärben sie sich, wie der Name schon sagt, scharlachrot. Auf der uns gegenüber liegenden Seite des Mühlenteichs wächst eine große *Trauerweide*. Ihre dünnen, gelblichen Zweige hängen bis ans Wasser herab. Botanisch gesehen ist die Trauerweide eine besondere Form der Silber-Weide.

Flusslauf der Wandse und Graugans

Silber-Ahorn mit Blattunterseite

SILBER-AHORN
Acer saccharinum

Familie Seifenbaumgewächse

Höhe bis zu 40 m

Rinde grau und flachschuppig

Blüte grünlich und unscheinbar, erscheint vor dem Laubaustrieb

Blütezeit Februar bis März

Blatt fünflappig, Unterseite silbrig behaart

Frucht kleine Nussfrucht mit sichelförmig gebogenen Fruchtflügeln

Vorkommen Parks, Friedhöfe, große Gärten

Wissenswertes Der Silber-Ahorn wächst sehr rasch, pro Jahr etwa einen halben Meter in die Höhe. In seiner amerikanischen Heimat gewinnt man Ahorn-Sirup aus diesem Baum. Ein schönes Exemplar eines Silber-Ahorns wächst auf dem Alstervorland der Außenalster in Hamburg-Rotherbaum. Der Baum ist an die 25 Meter hoch.

Nordamerikanischer Ahorn-Sirup

Jetzt geht es weiter die Wandse flussaufwärts. Beim Überqueren der Wandsbeker Königstraße fällt uns ein schön gewachsener ▸ **SILBER-AHORN** auf. Seinen Namen verdankt er der silbrig-weiß behaarten Blattunterseite. So ist es ja auch bei der Silber-Weide. Der Silber-Ahorn wächst im Osten Nordamerikas. Seit Anfang des 18. Jahrhunderts wird er auch in Europa gepflanzt und ist hier mittlerweile zu einem beliebten Parkbaum geworden. Das liegt auch an seiner attraktiven Färbung im Herbst. Dann leuchten die Blätter intensiv gelb, bei manchen Bäumen auch rot. Da der Silber-Ahorn schon zeitig im Jahr blüht, freuen sich die Bienen über diese erste Nektarquelle.

Als wir auf einer kleinen Brücke die Wandse überqueren, erblicken wir einen alten *Weißdorn*, dessen Äste über dem Wasser hängen. Die mehlig schmeckenden Früchte dieses Strauchs werden auch zu Herztropfen verarbeitet. Auf unserem weiteren Weg entdecken wir einen *Weißen Hartriegel*. Er ist schon verblüht und zeigt jetzt seine runden weißen Früchte. Der Weiße Hartriegel stammt aus Osteuropa und Asien. Bei uns hat er als Zierstrauch viele Freunde. Der Weiße Hartriegel liebt Feuchtigkeit und ist deshalb hier an der Wandse an verschiedenen Stellen zu sehen. Nun geht's über die vielbefahrene Wandsbeker Allee.

ROTER HARTRIEGEL
Cornus sanguinea

Familie Hartriegelgewächse

Höhe bis zu 5 m

Rinde leuchtend rot oder olivbraun

Blüte Die zwittrigen weißen Blüten bilden Trugdolden.

Blütezeit Mai bis Juni

Blatt elliptisch bis eiförmig mit zugespitztem Ende, ganzrandig; drei bis fünf bogig verlaufende Nervenpaare

Frucht schwarzviolette Steinfrucht

Vorkommen Parks und Gärten, Hecken, lichte Laub- und Mischwälder

Wissenswertes Die roh ungenießbaren Früchte enthalten viel Vitamin C und lassen sich gekocht zu Saft und Marmelade verarbeiten. In manchen Jahren blüht der Rote Hartriegel Anfang August zum zweiten Mal. Dann sind am Strauch Blüten und fast reife Früchte gleichzeitig zu finden.

Blüten und Früchte des Roten Hartriegels

Blutrote Herbstfärbung

Auf der anderen Straßenseite „begrüßt" uns eine mehrstämmige *Robinie*. Auffallend ist ihre tief gefurchte, graue Rinde. An den Zweigen der Robinie hängen überall die Früchte. Es sind stark abgeflachte Hülsen. Vorbei an einer hochgewachsenen *Eberesche*, einer *Hainbuche* und anderen Bäumen treffen wie auf mehrere ▸ **ROTE HARTRIEGEL**. Dieses einheimische Gewächs besticht durch sein attraktives Aussehen und ist deshalb in vielen Gärten und Parks ein beliebter Hingucker. Im Frühling ist der Rote Hartriegel voller weißer Blütendolden. Jetzt sehen wir zahlreiche schwarzviolette Steinfrüchte im Gezweig. Auf ihrer glatten Oberfläche sind winzige weiße Punkte zu erkennen. Die Früchte sind leicht giftig, also lieber nicht probieren. Seinen Namen verdankt der Rote Hartriegel seinem besonders harten Holz und seiner herrlich blutroten Herbstfärbung. Deshalb nennen manche die Pflanze auch „Blutroter Hartriegel". Doch nicht nur die Blätter sind im Herbst so auffallend gefärbt, auch die Rinde der Zweige zeigt dann einen roten Farbton.

Jetzt geht's über die Wendemuthstraße und dann wieder ein Stückchen die Wandse entlang. Hier fällt uns ein junger, teilweise mit Hopfen berankter *Spitz-Ahorn* auf. Nun sind wir einige Schritte auf der Hogrevestraße unterwegs. Ein Geruch von Hefe (er kommt von den Deutschen Hefewerken an der Wandsbeker Zollstraße) erinnert uns daran, dass der Wandse-Wanderweg in einem Stadtteil liegt, der auch ein wichtiger Industrie- und Gewerbestandort ist.

Giftpflanze des Jahres

Rechter Hand sehen wir einen jungen *Walnussbaum* mit unreifen grünen Früchten. Und wir entdecken in einem *Holunder* Ameisen, die hintereinander nach oben krabbeln, um sich dort am Honigtau der Blattläuse zu laben. Auf unserem weiteren Weg Richtung Eichtalpark kommen wir wieder an interessanten Bäumen vorbei. Etwa einem nordamerikanischen *Rot-Ahorn* mit Fledermauskasten am Stamm. Er wird wegen seiner leuchtend roten Herbstfärbung gern in Parks gepflanzt. Auf einer Wiese links des Wegs sehen wir eine *Mehlbeere* mit orangefarbenen Früchten und weiter hinten noch einen *Trompetenbaum*. Wir entdecken auch einen ▸ **GEMEINEN GOLDREGEN**. Seine schönen goldgelben Schmetterlingsblüten sind jetzt im Sommer allerdings nicht mehr zu sehen. Stattdessen hängen bohnenförmige Hülsenfrüchte an den Zweigen. Kinder verwechseln diese leider manchmal mit Bohnen oder Erbsen und essen sie dann. Das hat fatale Folgen, da der aus Südeuropa stammende Strauch oder Kleinbaum in allen

Schön, aber giftig: Blütentrauben des Gemeinen Goldregens

GEMEINER GOLDREGEN
Laburnum anagyroides

Familie Schmetterlingsblütler

Höhe bis zu 8 m

Rinde glatt, hellbraun

Blüte goldgelbe Schmetterlingsblüten in hängenden Trauben

Blütezeit Mai bis Juni

Blatt dreiteilig gefiedert

Frucht seidig behaarte Hülsen

Vorkommen Grünanlagen, Gärten

Wissenswertes Wegen seiner Fruchtform wird der Gemeine Goldregen auch „Bohnenbaum“ genannt. Er ist in Hamburg nicht selten und eine unserer giftigsten Pflanzen. Dieses Gehölz wurde deshalb im Jahre 2012 vom Botanischen Sondergarten in Wandsbek zur „Giftpflanze des Jahres“ gewählt.

seinen Teilen sehr giftige Alkaloide enthält. Am giftigsten sind die Samen. Eltern mit kleinen Kindern sollten dieses Ziergewächs deshalb lieber nicht im eigenen Garten pflanzen. Auch in der Nähe von Kindergärten hat der Gemeine Goldregen nichts zu suchen.

Wir gehen nun über die Kedenburgstraße und gelangen in den Eichtalpark. Hier hatte vor langer Zeit der Großindustrielle Lucas Luetkens seinen Sommersitz. Um das Jahr 1830 herum ließ er ihn mit Eichen bepflanzen. Rinde und Laub dieser Bäume, die sogenannte Lohe, lieferten ihm Gerbstoffe für seine Wandsbeker Lederfabrik. Gemahlen wurde die Lohe in einer Mühle, die dort stand, wo sich heute das Restaurant „Zum Eichtalpark" befindet. Viele Bäume wurden in den Nachkriegsjahren abgeholzt, um Heizmaterial für die notleidende Wandsbeker Bevölkerung zu gewinnen. Erst in den 1960er Jahren gab es wieder zahlreiche Nachpflanzungen, darunter waren auch zehn verschiedene Eichenarten, heimische wie die *Stiel-Eiche* und nichtheimische wie die *Libanon-Eiche* und die *Zerr-Eiche*. Im Schatten so einer Zerr-Eiche nehmen wir jetzt auch rechts des Wegs kurz auf einer Bank Platz: vor uns die Skulptur „Schöne" des Hamburger Bildhauers Hanno Edelmann und über uns die Zweige dieser besonderen Eiche. Ihre Blätter sind schmaler und weniger gebuchtet als die unserer Stiel-Eiche.

Blatt der Zerr-Eiche und Blick auf die Terrasse des Restaurants „Zum Eichtalpark"

Blüten und Frucht der Esskastanie

ESSKASTANIE
Castanea sativa

Familie Buchengewächse

Höhe bis zu 30 m

Rinde graubraun und längsrissig

Blüte Die unscheinbaren weiblichen Blüten sitzen an der Basis der langen männlichen Blütenkätzchen.

Blütezeit Juni

Blatt lang und spitz gezähnt

Frucht dunkelbraune Nussfrucht, von stachligem Becher umgeben

Vorkommen Parks, Friedhöfe, an manchen Straßen

Wissenswertes Wegen des hohen Stärkegehalts war die Marone vor Einführung der Kartoffel vielerorts ein wichtiges Grundnahrungsmittel. Heute erfreut sie sich geröstet großer Beliebtheit. Eine eindrucksvolle zweistämmige Esskastanie wächst im Jenischpark unweit des Jenisch Hauses. Sie ist etwa 170 Jahre alt.

Mit den Römern über die Alpen

Jetzt gehen wir weiter und erspähen auf der großen Wiese des Eichtalparks in einiger Entfernung eine prächtige ▸ **ESSKASTANIE**, auch Marone genannt. Diese nicht mit unserer Rosskastanie verwandte Art stammt wahrscheinlich aus der Kaukasusregion. Wegen ihrer nahrhaften Früchte breitete sie sich schnell weiter aus. Schließlich gelangte die Esskastanie durch die Römer über die Alpen auch nach Deutschland. Hier wächst die wärmeliebende Art besonders in milden Weinbaugebieten. Wir nähern uns jetzt dem breitkronigen Baum und bemerken einen Geruch, den manche als angenehm, andere als eher unangenehm empfinden. Er kommt von den langen, schwefelgelben Blütenständen und lockt vor allem Käfer, aber auch Bienen und andere Insekten zum Bestäuben herbei. Dabei naschen die kleinen Besucher gleichzeitig vom reichlich angebotenen Nektar. Wenn im Herbst die stacheligen Früchte der Esskastanie zu Boden plumpsen und aufplatzen, freuen sich Mäuse, Eichhörnchen und weitere Tiere über die leckeren Maronen. Aber auch wir Menschen schätzen ihren süßaromatischen Geschmack.

Wir spazieren jetzt am Eichtalteich entlang, der von der Wandse durchflossen wird. Auf dem Wasser schwimmen zwei Kanadagänse, und am Ufer steht ein Graureiher. Er wartet sicher auf einen leckeren Fisch. Im seichten Teich-

Botanischer Sondergarten und Zweige des Japanischen Kuchenbaums

wasser entdecken wir eine große *Sumpfzypresse*. Um an diesem nassen Standort gut mit Sauerstoff versorgt zu werden, hat sie zahlreiche aus dem Wasser ragende Atemwurzeln gebildet. Bevor wir den Botanischen Sondergarten erreichen, sehen wir noch zwei Bäume mit Namensschildern: Einen *Japanischen Schnurbaum* und einen *Geschlitztblättrigen Silber-Ahorn*. Auf einem seiner Zweige sitzt eine Mistel, die als Halbparasit zwar Photosynthese betreiben kann, aber von ihrem Wirtsbaum mit Wasser und Nährsalzen versorgt werden muss. Noch ein Baum fällt uns auf. Es ist ein *Japanischer Kuchenbaum*. Seinen Namen hat er vom Geruch seiner bunten Herbstblätter. Wenn sie abfallen, duften sie nämlich ein wenig nach Lebkuchen. Der Botanische Sondergarten, den wir jetzt erreichen, wurde ursprünglich als Schulgarten angelegt. Auch heute können hier Kinder, aber auch Erwachsene Spannendes über die Pflanzenwelt erfahren. Neben farbenprächtigen Beeten nehmen wir auch unterschiedliche Gehölze in Augenschein. Etwa einen *Taschentuchbaum*, eine *Säuleneibe* und einen *Baum-Hasel*.

Rohstoff für Kaugummi

Bevor wir jetzt unsere kleine Baumwanderung am Ölmühlenweg beenden, besuchen wir noch kurz Fischers Park mit seinen exotischen Bäumen. Zuerst fällt uns ein ▸ **AMBERBAUM** auf. Die Blätter dieses aus Nordamerika stammenden Baums ähneln Ahornblättern, doch es besteht keine nähere Verwandtschaft mit unserem Ahorn. Spektakulär ist die Färbung des Amberbaums im Herbst. Dann leuchtet sein Laub in den unterschiedlichsten Farbnuancen und erinnert uns an den „Indian Summer“. Die Amerikaner nennen den Amberbaum auch „Sweetgum“. Er liefert nämlich beim Anritzen seines Stamms ein süßlich duftendes Harz, das schon die indigenen Einwohner des Kontinents als natürliches Kaugummi schätzten. Noch heute dient es als Rohstoff für die Kaugummiproduktion, findet aber auch Verwendung bei der Herstellung von Parfums und Seifen.

Wir schauen uns noch weiter um. Neben einer schön gewachsenen *Kobushi-Magnolie* und einem riesigen *Urwelt-Mammutbaum* fallen uns jetzt noch zwei *Trompetenbäume* auf. Den einen kennen wir schon von unseren Baumspaziergängen. Bei dem anderen handelt es sich um eine Kreuzung aus zwei unterschiedlichen Arten von Trompetenbäumen. Seine Blätter sind nicht herzförmig, sondern an ihren Enden kurz zugespitzt. •

Herbstblatt des Amberbaums

AMBERBAUM
Liquidambar styraciflua

Familie Zaubernussgewächse

Höhe bis zu 20 m

Rinde dunkelgrau und tief gefurcht

Blüte kleines grünes Kugelköpfchen

Blütezeit Mai

Blatt lang gestielt, fünf- bis siebenlappig

Frucht kleine stachelige Kugel an langem Stiel

Vorkommen Parks, Friedhöfe, große Gärten

Wissenswertes Da der Amberbaum Hitze, Trockenheit und Abgase besser toleriert als viele andere unserer Stadtbäume, wird er schon an einigen passenden Stellen gepflanzt. Beim Zerreiben seiner Blätter verströmen diese einen süßlichen Duft. Seine stacheligen Früchte bleiben den Winter über am Baum hängen.

Stachelige Früchte des Amberbaums

Die Uralt-Eibe

Sie hat einen Stammumfang von fast drei Metern, ist innen hohl und wird von Metallringen zusammengehalten, damit sie nicht auseinanderfällt. Hamburgs ältester Baum, eine **EIBE** (Taxus baccata), wächst auf einem Privatgrundstück am Neuländer Elbdeich in Hamburg-Neuland. Ihr Alter wird auf 850 Jahre geschätzt. Damit dürfte diese uralte Eibe wohl aus der Zeit der ersten Eindeichung der Elbe im 12. Jahrhundert stammen. Sie ist etwas ganz Besonderes und wurde deshalb im Jahre 1936 per Verordnung als einziger Baum der Hansestadt als Naturdenkmal eingetragen. Da Eiben sehr alt werden können, hat diese „besondere Einzelschöpfung der Natur" gute Chancen, noch viele weitere Jahre zu erleben. Neben ihr gibt es aber noch andere Baum-Methusalems in Hamburg, auch wenn diese nicht an das Alter der Neuländer Eibe heranreichen. Zwei der vielen Hamburger Straßenbäume haben bereits ein stattliches Alter von über 300 Jahren vorzuweisen. Es sind Stiel-Eichen (Quercus robur). Die eine wächst am Albertiweg in Altona, die andere an der Cuxhavener Straße in Harburg.

➔ Die uralte Eibe wächst auf einem Privatgrundstück am Neuländer Elbdeich 198 und kann von der Straße aus eingesehen werden. Sie ist mit der Buslinie 149 ab Hamburg-Harburg bis zur Haltestelle Alte Schule Neuland zu erreichen. Von da ist es dann nur noch ein kurzer Spaziergang.

Ich glaub', ich bin im Wald!

Manche Ortsnamen weisen auf eine Verbindung zu bestimmten Bäumen und wie schon im Fall der Familiennamen oft zur Eiche und Linde. Auch wenn es gar nicht so aussieht, ist Damgarten zu den diversen Orten mit dem Namen Eichenberg zu zählen, denn die ursprüngliche slawische Bezeichnung Damgor enthält die Wörter *dam* für Eiche und *gor* für Berg. Und Leipzig verdankt seinen Namen der Linde. Noch 1485 wie auch im heutigen Slowenisch hieß Leipzig Lipsko, in heutigem Sorbisch und Polnisch Lipsk; beides auf dem gemeinslawischen Wort *lipa* für die Linde beruhend und als Lindenort zu übersetzen.

Den Namen der Orte Affoltern im Emmental und im Kanton Zürich wie auch Effelder in Thüringen und Effelter in Bayern liegt das alte Wort für Apfelbaum zugrunde: althochdeutsch *affoltra*. Der Wortbestandteil *tra*, später *ter* ist in Baumbezeichnungen wie Flieder, Heister (junge Buche), Holunder, Maßholder (Feldahorn), Rüster und Wacholder erhalten. In anderen germanischen Sprachen ist er nach wie vor das Wort für Baum: dänisch *træ*, englisch *tree*, norwegisch *tre*, schwedisch *träd*.

Der Name von Birkenwald im Elsass spricht für sich. Ebenso vereinen Buchholz im Landkreis Harburg, Buchenhain in Bayern und Brandenburg sowie Buchenwald in Baden-Württemberg und in Rheinland-Pfalz Buche und Wald in ihren Namen. Dagegen zählt die von der SS gewählte anheimelnde Bezeichnung Buchenwald für das Konzentrationslager in den Waldungen des Ettersbergs bei Weimar nicht zu den eigentlichen Siedlungsnamen.

In Bayern, Baden-Württemberg, Rheinland-Pfalz und der Schweiz tragen jeweils mehrere Orte den Namen Erlenbach, der sich wohl ebenfalls von selbst erklärt wie auch die Namen von Ellerbek im Kreis Pinneberg und Ellerau im Kreis Segeberg mit der plattdeutschen Erle darin und den Wörtern für kleine Wasserläufe.

Eschenbach heißen verschiedene Orte in Süddeutschland und der Schweiz. Im mittelfränkischen Wolframs-Eschenbach lässt sich das Adelsgeschlecht verorten, dem der bedeutende mittelalterliche Dichter Wolfram von Eschenbach entstammt. Auch Escheburg im Kreis Lauenburg lässt an diesen Baum denken. Klar belegt ist dieser Bezug im Fall von Eschweiler in der Nähe von Aachen: Im von 828 datierenden ältesten Beleg lautet der Name *ascvilare*, was aus althochdeutsch *asc* = Esche und spätlateinisch *villare* = Gehöft zusammengesetzt ist.

Wie der Familienname Bellenbaum mag auch der Name des Städtchens Bellenberg in

Bayern das alte Wort Belle für die Silberpappel enthalten. Und wie der Familienname Elmenhorst spricht auch der gleichlautende Ortsname von einer kleinen Ulmenwaldung. Die Stadt Ulm in Baden-Württemberg ist allerdings nicht nach der Ulme benannt, denn Hulma, wie der an der Donau gelegene Ort in einer Urkunde aus dem 9. Jahrhundert genannt wurde, spricht von einem bewegt fließenden Gewässer. Die Weide begegnet uns in den Namen der Orte Weiden, Weidenbach, Weidenberg und Weidenhausen, wobei nicht in jedem Fall auszuschließen ist, dass nicht der Baum gemeint ist, sondern die Weide fürs Vieh.

Von den Nadelbäumen ist besonders die Tanne in Ortsnamen vertreten: von mehreren Ortschaften namens Tann, Thann und Tanna über Tannheim in Baden-Württemberg bis hin zu Tanvald (ehemals Tannwald) in Tschechien. Allerdings konnte der Tann auch einen ausgedehnten, aus welchen Bäumen auch immer bestehenden Wald bezeichnen. Dagegen hat der Name von Kiefersfelden in Bayern nichts mit der Kiefer zu tun. In der ersten Hälfte des 12. Jahrhunderts wurde er als Chiverinesvelt erstmals urkundlich belegt, worin das bairische Wort Kifer mit der Bedeutung Sand oder Kies enthalten ist. Ein Feld an oder auf sandigem Boden ist gemeint.

Vom Wald allein sprechen zahlreiche Ortsnamen wie zum Beispiel Waldshut, Waldhausen, Waldhof, Waldkirch, Finsterwalde und Grindelwald. Bei Grönwohld im Kreis Stormarn ist es das niederdeutsche Wort für Wald. Ortsnamensendungen wie -rade, -reute, -reuth, -rode oder ähnlich haben insofern mit Wald zu tun, als die betreffenden Siedlungen auf Rodungen entstanden. Für die Benennung von Straßen sind neben anderen Gewächsen wie Blütenpflanzen auch Bäume nebst Baumfrüchten beliebt. In Hamburg vertreten: Ahorn, Apfel, Aprikose, Birke, Buche, Buchecker, Eberesche, Eibe, Eiche (auch plattdeutsch als Eek), Erle (auch plattdeutsch als Eller), Esche, Espe, Fichte, Flieder, Föhre, Hainbuche, Heister (junger Baum, speziell Buche), Ilex, Kastanie, Kiefer, Kirsche, Linde, Mandel, Mirabelle, Mispel, Pappel, Quitte, Palme, Pfirsich, Pflaume, Rotdorn, Tanne, Ulme, Walnuss, Weide, Weißdorn, Zeder, Zypresse. Ebenso in Hamburger Straßennamen vertreten sind der Wald und seine Varianten Forst, Hagen, Hain und Hegen.

Höltigbaum, der Name einer kurz vor der Grenze zu Schleswig-Holstein von der Sieker Landstraße abzweigenden Straße im Hamburger Stadtteil Rahlstedt, kommt aus dem Plattdeutschen und bedeutet so viel wie Schlagbaum, vor dem man anzuhalten hatte. Im 18. Jahrhundert befand sich

nämlich etwa hier an der alten Landstraße zwischen Hamburg und Lübeck eine Zollstation, an der Wegezoll zu entrichten war. Prominent ist die Lindenstraße, der Schauplatz der von 1985 bis 2020 ausgestrahlten gleichnamigen Weekly Soap des WDR. Eine Ulmenstraße schaffte es mit dem englischen Originaltitel des höchst erfolgreichen amerikanischen Horrorfilms „A Nightmare on Elm Street" von 1984 – Übersetzung: „Albtraum in der Ulmenstraße" – in die Kinos. Der Titel der deutschen Synchronversion unterschlägt den in den USA durchaus verbreiteten Straßennamen: „Nightmare – Mörderische Träume".

Gasthäuser werden gern nach Bäumen benannt. Der ganze Wald ist angesprochen in Namen wie Waldesruh, Zur Waldeslust und Zum grünen Wald. Aber häufiger geht es ins Detail: Zur Linde, Buche, Kastanie, Eiche, vielerorts auch Deutsche Eiche, Tanne, Fichte, Pappel, Weide, Esche, Ulme, zum Kirsch-, Birn-, Apfel-, Nussbaum. In Hamburg ist vielleicht noch das italienische Restaurant „Tre Castagne" Ecke Martinistraße/Eppendorfer Landstraße mit seinen drei Kastanienbäumen davor in Erinnerung. Der einstöckige Fachwerkbau von 1779 wurde 2015 für eine Neubebauung abgerissen, auch die namengebenden drei Bäume mussten dran glauben.

Robert Wohlleben

Bäume mit Steckbriefen

Ahornblättrige Platane 58
Amberbaum 141
Araucarie 14
Berg-Ahorn 103
Blauglockenbaum 85
Eberesche 72
Eingriffeliger Weißdorn 77
Esskastanie 139
Europäische Lärche 108
Faulbaum 75
Feld-Ahorn 117
Frühe Traubenkirsche 93
Gemeine Eibe 101
Gemeine Esche 33
Gemeine Fichte 123
Gemeine Stechpalme 43
Gemeiner Goldregen 137
Gewöhnliche Rosskastanie 44
Gewöhnliches Pfaffenhütchen 46
Ginkgo 28
Götterbaum 88
Hainbuche 48
Hänge-Birke 125
Haselstrauch 115
Japanischer Schnurbaum 30
Judasbaum 63
Kaukasische Flügelnuss 59
Kork-Eiche 22
Kornelkirsche 64
Moor-Birke 70
Pappel 34
Rhododendron 106
Riesen-Mammutbaum 10
Robinie 47
Rot-Buche 114
Roter Hartriegel 136
Sanddorn 13
Schlehe 118
Schwarz-Erle 74
Schwarzer Holunder 90
Schwarznuss 16
Silber-Ahorn 135
Sommer-Linde 126
Spitz-Ahorn 102
Stiel-Eiche 36
Sumpfzypresse 61
Taschentuchbaum 57
Trauben-Eiche 19
Trompetenbaum 31
Tulpenbaum 92
Ulme 105
Vogel-Kirsche 87
Wald-Kiefer 50
Weiß-Tanne 20
Zimt-Ahorn 17

Mein Baum – Meine Stadt

Seit 2011 wirbt die Loki Schmidt Stiftung zusammen mit der Freien und Hansestadt Hamburg mit der Kampagne unter dem Motto „Mein Baum – Meine Stadt" um Spenden für Hamburgs Straßenbäume. Auf einer Übersichtskarte können sich Interessierte einen Baum aussuchen, der in eine durch Fällung entstandene Lücke gepflanzt werden soll. Sobald für den Baum 500 Euro an Spendengeldern zusammengekommen sind, stockt die Stadt diese um weitere 500 Euro auf, und der Baum kann gepflanzt werden. Die Übersichtskarte und weitere Informationen finden sich unter: www.hamburg.de/mein-baum-meine-stadt

Online-Straßenbaumkataster

Wer Genaueres über die Bäume an Hamburgs Straßen wissen möchte, kann in einem Online-Straßenbaumkataster unter der Adresse: www.hamburg.de/strassenbaeume-online-karte nachschauen. Dort gibt es nähere Informationen über den jeweils angeklickten Baum, etwa seine Art, seinen Stammumfang oder das Jahr seiner Pflanzung. Auch lässt sich beispielsweise ermitteln, wie viele Eichen an Hamburgs Straßen stehen: Es sind über 49 000 Exemplare.

Stadtbäume im Klimawandel

Hamburgs Bäume leiden nicht nur unter dem Straßenverkehr, sie müssen zusätzlich noch den durch Klimawandel verursachten Stress aushalten. Welche Baumarten in Zukunft mit Hitze, Trockenheit, Starkregen und Sturm besser zurechtkommen könnten, wurde in dem Langzeitprojekt „Stadtbäume im Klimawandel" untersucht. Näheres ist nachzulesen unter: www.hamburg.de/stadtbaeume-im-klimawandel

Arboreten

Interessante Gehölze lassen sich auch in Arboreten bewundern. Das sind Sammlungen oft seltener, frei wachsender Bäume und Sträucher. In Hamburg lohnt sich beispielsweise ein Besuch im „Arboretum Marienhof" am Poppenbüttler Markt 10. Eine vorherige Anmeldung ist allerdings erforderlich: www. arboretum-marienhof.de/fuehrungen.html. Für einen Besuch des nordwestlich Hamburgs gelegenen „Arboretum Ellerhoop" ist keine vorherige Anmeldung nötig: www.arboretum-ellerhoop.de

Weitere Webseiten

Hamburg bietet mit seinen vielen Parks und Naturschutzgebieten vielfältige Möglichkeiten, Bäumen zu begegnen:

Gute Beschreibungen der Hamburger Parkanlagen sind unter: www.hamburg.de/parkanlagen zu lesen.

Ausführliche Informationen zu den 37 Hamburger Naturschutzgebieten veröffentlicht die Behörde für Umwelt, Klima, Energie und Agrarwirtschaft unter: www.hamburg.de/naturschutzgebiete

Wer ehrenamtlich etwas für Hamburgs Bäume tun möchte, kann sich beim NABU der Fachgruppe „Baumschutz" anschließen: https://hamburg.nabu.de/wir-ueber-uns/fachgruppen/baumschutz/index.html

Interessante Informationen zum Thema „Wald" bietet das WÄLDERHAUS in Hamburg Wilhelmsburg: www.waelderhaus.de

Lohnenswert ist sicher auch ein Blick auf die Seiten der „Deutschen Dendrologischen Gesellschaft e.V.". Unter www. ddg-web.de. erfährt man unter anderem etwas zum neu geschaffenen Status des „Nationalerbe-Baums". Bisher einziger Nationalerbe-Baum in Hamburg ist der im Hirschpark wachsende mächtige Berg-Ahorn.

Die dicksten, höchsten und ältesten Bäume Hamburgs sind unter der Adresse: www.monumentaltrees.com/de/rekorde/deu/hamburg/ zu finden.

Weitere Literatur

Poppendieck, Hans-Helmut und Helmut Schreier: Baumland: Was Bäume erzählen: KJM Buchverlag, Hamburg 2020.

Schoenfeld, Helmut: Bäume in Ohlsdorf: Von Gurken-Magnolien, Tränen-Kiefern und Scheinzypressen: Edition Temmen, Bremen 2012.

Vieth, Harald: Echte Hamburger: Rekordbäume, eindrucksvolle Baumgestalten, blühende Schönheiten: Selbstverlag Harald Vieth, Hamburg 2021. (Der Autor bietet auch baumkundliche Kurzwanderungen in Hamburg an. Infos unter: www.viethverlag.de).

Bestimmungsbücher

Das Taschenformat für unterwegs
Hecker, Katrin und Frank: BASIC Bäume: Kosmos, Stuttgart 2022 (auch als eBook erhältlich).

Das umfangreichere Standardwerk
Spohn, Margot und Dr. Roland Spohn: Welcher Baum ist das? Kosmos, Stuttgart 2020 (auch als eBook erhältlich).

Bildnachweis

Die folgenden Bilder wurden vom Autor Thomas Schmidt aufgenommen:
10, 15 beide, 17 re., 18 o., 19, 21 beide, 22 re., 23, 28, 29 li., 30, 34, 35 o., 36, 37, 57, 58 beide, 63 li., 65, 71, 78, 83 beide, 85, 86 re., 91, 101, 103 li., 108 li., 109, 116 u., 117 li., 128, 143

Ajepbah: 93 (Blick vom Planetarium auf den Stadtpark in Hamburg-Winterhude, CC BY-SA 3.0 de)

Antonia Ihm: 135 li. (Flussbiotop an der Wandse, CC BY-SA 4.0), 127 o. (Kupfermühle, Herrenhausallee 64, 64a. Dieses Bild zeigt ein Baudenkmal. Es ist Teil der Denkmalliste von Hamburg, Nr. 438, CC BY-SA 3.0)

Bela.S: 124 li. (Ein grauer Kranich [Grus grus] schreitet über eine Wiese im Duvenstedter Brook, Hamburg, CC BY-SA 4.0)

Bettina von Renthe-Fink (Antoinette22): 35 u. (Eierhütte im Jenischpark [Nachbau der Mooshütte], CC BY-SA 3.0)

Genet: 11 re. (Apfel „Finkenwerder Herbstprinz", CC BY-SA 3.0)

Krzysztof Ziarnek, Kenraiz: 88 re. (Quercus castaneifolia in Hackfalls Arboretum, Hawkes's Bay [NZ], CC BY-SA 4.0)

Niels Menke: 73 beide (Blick auf das Naturschutzgebiet Eppendorfer Moor in Hamburg, CC BY-SA 4.0)

NordNordWest: 122 beide (Nature reserve Duvenstedter Brook, Hamburg, February 2011, CC BY-SA 3.0 de)

Pauli-Pirat: 45 li. (Der Dahliengarten im Altonaer Volkspark in Hamburg-Bahrenfeld, CC BY-SA 4.0), 139 re. (Terrasse des Restaurants „Zum Eichtalpark" an der Wandse, CC BY-SA 4.0), 141 (Wege in der Gartenanlage, CC BY-SA 4.0)

Rufus46: 32 re. (Farnblättrige Buche [Fagus sylvatica forma asplenifolia], CC BY-SA 3.0)

Verena Stenzel-Harbaum: 124 re. (Early morning in october, dating season of the Red Deer in Duvenstedter Brook nature conservation, CC BY-SA 4.0)

Vitavia: 127 u. (Brücke über die Mellingbek unterhalb des Kupferteiches im LSG Hummelsbütteler Feldmark/Alstertal in Hamburg-Poppenbüttel, CC BY-SA 4.0)

Willow: 86 re. (Sicheltanne [Cryptomeria japonica] im Neuen Botanischer Garten Marburg, Hessen, Deutschland; CC-BY 2.5)

Junius Verlag GmbH
Stresemannstraße 375
22761 Hamburg

Printed in the EU
1. Auflage 2023
ISBN 978-3-96060-565-2

Coverdesign & Layout:
Simone Andjelković
Satz: Junius Verlag GmbH

Die Deutsche Nationalbibliothek verzeichnet
diese Publikation in der Deutschen Nationalbibliografie;
detaillierte bibliografische Daten sind im Internet
über http://dnb.dnb.de abrufbar.

Thomas Schmidt
WAS PIEPT UND FLIEGT IN HAMBURG?
Ein vogelkundlicher Stadtführer

176 Seiten, 18,00 €
978-3-88506-779-5

Hamburg ist eine besonders grüne Stadt. Auf Schritt und Tritt begegnen dem aufmerksamen Vogelbeobachter hier Vertreter der rund 160 in der Elbmetropole brütenden Arten. Bei den meisten der auf Fernsehantennen zwitschernden und in Dachrinnen nistenden Vögel handelt es sich um Allerweltsarten wie den Haussperling oder die Kohlmeise, aber auch schillernde Bewohner wie der blaue Eisvogel und der Pirol sind im Hamburger Stadtgebiet anzutreffen. Dieser vogelkundliche Stadtführer erschließt Hamburgs Vogelwelt in 13 Kurzwanderungen von der City und den begrünten Wohnvierteln bis zu den Naturschutzgebieten an den Rändern der Stadt.

Thomas Schmidt
WAS KREUCHT UND FLEUCHT IN HAMBURG?
Ein tierkundlicher Stadtführer

184 Seiten, 18,00 €
ISBN 978-3-88506-815-0

In Hamburg sind mehr Tierarten anzutreffen als in jeder anderen deutschen Großstadt, die hiesige Tierwelt hat weit mehr zu bieten als stolze Alsterschwäne und mächtige Rothirsche im Duvenstedter Brook. Ob in der City, im Wohngebiet oder in den zahlreichen Parks und Gärten der Elbmetropole: Überall im Stadtgebiet lassen sich interessante Beobachtungen an Tieren aller Arten und Größen machen, denn nicht selten suchen sich die tierischen Stadtbewohner ungewöhnliche Nischen und schaffen sich als Kulturfolger teils kurios anmutende Ersatzlebensräume. Dieser tierkundliche Führer will dazu beitragen, auch den wenig beachteten Teil der städtischen Tierwelt besser kennenzulernen.

Thomas Schmidt
WAS GRÜNT UND BLÜHT IN HAMBURG?
Ein pflanzenkundlicher Stadtführer

156 Seiten, 18,00 €
ISBN 978-3-96060-521-8

Ob in den abwechslungsreich gestalteten Parks oder in den Naturschutzgebieten mit ihren unterschiedlichen Lebensräumen – in Hamburg grünt und blüht es überall. Mehr als 1500 Pflanzenarten wurden bisher gezählt. Und wer sich auf den Weg macht, wird immer wieder Bekanntes und weniger Bekanntes entdecken. Dieser unterhaltsam geschriebene pflanzenkundliche Stadtführer gibt vielfältige Einblicke in die botanische Welt Hamburgs. Auf zehn Touren durch Parks und Naturschutzgebiete zeigt er eine Auswahl interessanter Blumen, Bäume und Sträucher, die sich leicht entdecken lassen. Ergänzt werden die Touren durch illustrierte Steckbriefe, die die Pflanzen näher beschreiben.

Thomas Schmidt
AHORN, ROTFUCHS & ZITRONENFALTER
Der Kindernaturführer für Hamburg

256 Seiten, 14,90 €
978-3-96060-536-2

In diesem kindgerecht geschriebenen Naturführer werden 200 Tier- und Pflanzenarten näher vorgestellt. Die meisten von ihnen sind in hiesigen Gefilden recht häufig anzutreffen und deshalb auch in Hamburg leicht zu entdecken. In einem kleinen Quiz am Anfang des Buches können die Kinder zunächst ihre Artenkenntnis testen. Im Hauptteil werden die Tiere und Pflanzen jeweils in Text und Bild mit ihren besonders wissenswerten Eigenschaften genau beschrieben. Außerdem lässt sich hier ermitteln, wann und wo die Tiere und Pflanzen in Hamburg zu finden sind. Neben Tipps zur Beobachtung will dieser Naturführer auch zu eigenen Aktivitäten anregen.